世界蝴蝶1000种图解指南

[英] 阿德里安·霍斯金斯　著
李　虎　陈　卓　吴云飞　译
彩万志　主审

河南科学技术出版社
·郑州·

世界蝴蝶1000

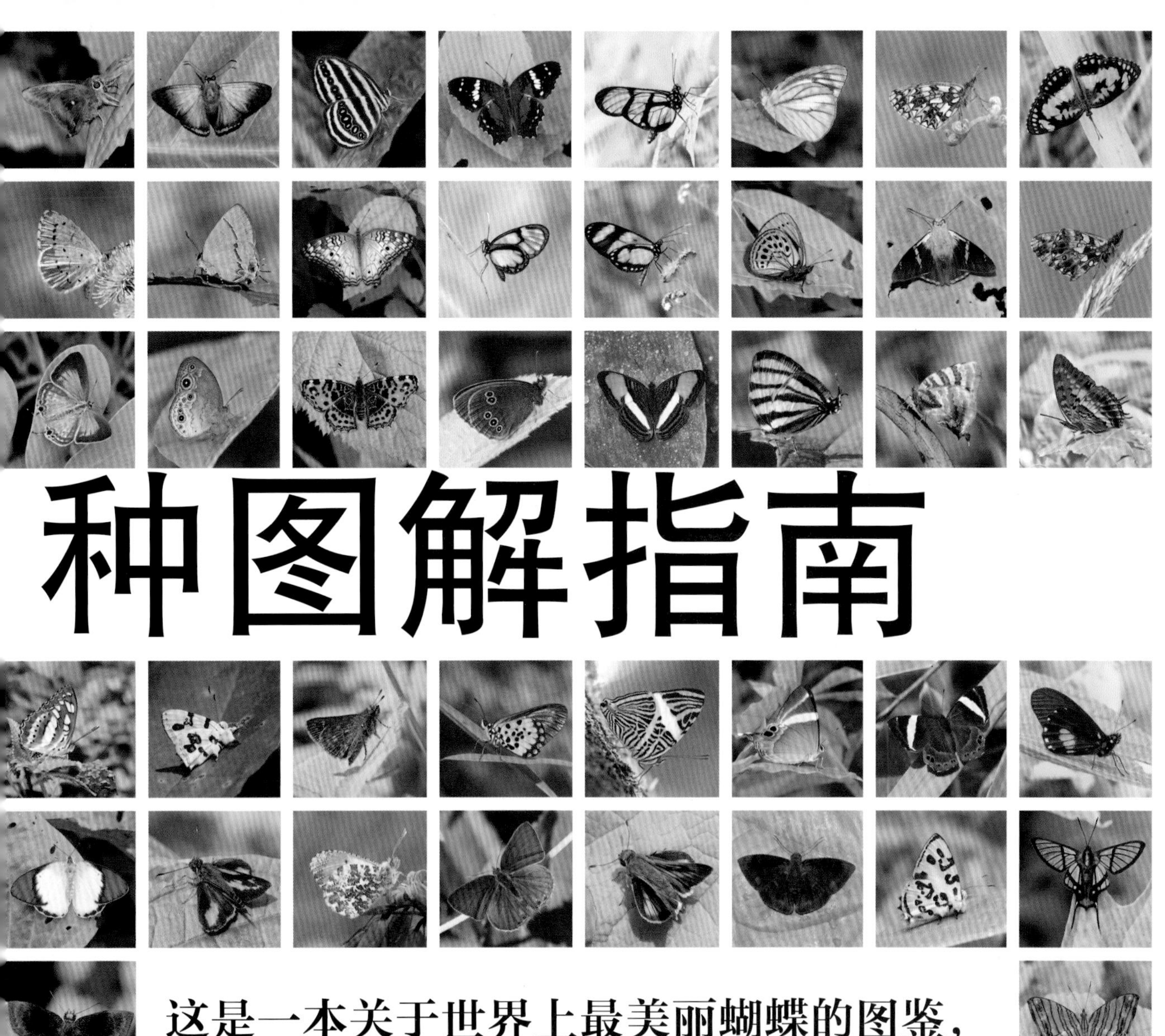

种图解指南

这是一本关于世界上最美丽蝴蝶的图鉴，涵盖了所有的科、亚科、族和主要的属。

译　序

蝴蝶因其美丽的外表、优雅的姿态而受到人们的格外青睐。正是出于对蝴蝶的痴迷和热爱，本书作者阿德里安·霍斯金斯历时三十余年走遍了全球五大洲，忘情追寻着蝴蝶的足迹。

阿德里安·霍斯金斯是英国昆虫学家、摄影师、作家和自然观察向导。霍斯金斯在少年时期就对多彩的大自然满怀憧憬，曾经骑着摩托车走遍了英国，此后又花了五六年时间环游整个欧洲。1991年，他参加了坦桑尼亚动物旅行，首次接触到了他一直梦想探索的热带生物区系。此后的二十多年间，他的身影时而出现在南美洲幽暗的热带雨林中，时而出现在非洲荒蛮的大草原上，时而又出现在阿尔卑斯山鲜花盛开的山脚下，用镜头记录下了近4000种“令人惊叹”的蝴蝶。由于在蝴蝶研究与保育方面所做出的贡献，霍斯金斯还荣膺英国皇家昆虫学会会员称号。

《世界蝴蝶1000种图解指南》是霍斯金斯的第2部著作。这部著作精选了来自世界各地的1000种蝴蝶，每一个物种都配以至少一张栩栩如生的生态照，正如该书副标题所说的那样，这是一本“关于世界上最美丽蝴蝶的图鉴”。与霍斯金斯的上一部著作《世界的蝴蝶》（2015）不同的是，本书在内容上删繁就简，除了对每个科、亚科和族进行简单陈述外，对每一个物种只给出了其学名和分布，并配以简要描述，而照片是本书的主体，让人们在看到这些生态照的第一眼时就能对这种蝴蝶产生深刻印象，也使得这部著作别具吸引力。

近年来，由于分子生物学等技术的应用，在生物分类学研究的过程中，高级阶元的分类系统出现了不同的观点，作者在前言中做了简要说明。译本在分类系统的处理上完全遵循原著而未做任何改动。

在中文名的选用上，我们参考了《中国蝶类志》（1994，1999）、《世界蝴蝶分类名录》（2006）、《新版世界蝴蝶名录图鉴》（2016）、《中国蝴蝶图鉴》（2017）等著作。由于本书涵盖了世界蝴蝶的所有科、亚科、族和主要的属，其中不少类群在国内没有分布，此前没有相应的中文名备选，因此翻译难度较大。此外，我们在翻译过程中发现原著中学名拼写错误的17项，属名重复出现的6项，为确保本书的质量，在多方查阅资料后，我们对这些问题进行了更正。

在翻译过程中，承蒙彩万志教授的指导、支持与鼓励，译者不胜感激。本实验室研究生杜振勇、刘盈祺和赵嫕盛参与了初稿的翻译与校对工作，在此谨向他们致以谢意！

尽管在翻译过程中我们尽了最大努力，但由于学术水平有限，译本难免出现不妥和错误之处，衷心希望广大读者不吝指正！

译者

2018年春于北京

前 言

为了拍摄这本世界蝴蝶图鉴中的照片，作者历时3年在世界各地考察，足迹遍布亚马孙和安第斯山脉的热带雨林和云雾林，西非的丛林和热带草原，印度、马来西亚和印度尼西亚的湿热森林，以及欧洲、中亚和北美洲的温带林地、草原和亚高山草甸。

作者在上一本书《世界的蝴蝶》（2015年由Reed New Holland出版公司出版）中深入阐释了蝴蝶的生物学特性，并在相关章节对蝴蝶的起源、演化、解剖学、生活史、天敌、生存策略与迁飞进行了详述。本书在其基础上进行了扩展，用图解的形式展现了世界上1000多种蝴蝶令人难以置信的美与多样性。

据估计*，已被科学描述的蝴蝶（包括弄蝶和喜蝶）总数约有18 185种。本书选取的是大众最容易遇见的物种，它们要么具有引人注目的色彩，要么就是在分布地特别常见。

1.蝶蛾之别

人们通常认为蛾子是颜色灰暗且飞行迅速的夜行性生物，具有尖而细的触角。相反，蝴蝶通常看起来更加亮丽、色彩鲜艳，喜欢在阳光下飞舞，长着棒状触角。这样的一般性认知并不准确。有数千种蛾类色彩鲜亮并在白天活动，如虎蛾和斑蛾。蝶蛾科Castniidae的蛾类也长着棒状触角，而蓝粉蝶属*Pseudopontia*的种类却具有尖而细的触角。事实上，蝶与蛾的界限十分模糊，曾被认为是蛾类的喜蝶科Hedylidae现在被认为是一类夜行性的蝴蝶。

本书主要包括蝴蝶6个“传统的”科，也包括了最近被认为是蝴蝶的喜蝶科。这些科及其各自的亚科、族、属和种都按照英文字母顺序排列，以便读者参考。每个种的图片下方都配有关于其分布、生境和行为的简要介绍。

2.鉴定蝴蝶

大多数欧洲和北美洲的种类可以通过翅面的花纹来识别。在热带地区，许多种类看起来特别近似，这给鉴定带来了很大困难。在南美洲，鉴定工作会更加复杂， 由于为了躲避鸟类的捕食， 许多无毒的蝴蝶进化出了拟态其他有毒物

---

*作者的估计，基于从各种分类学数据库中获取的凤蝶总科Papilionoidea和弄蝶总科Hesperioidea的最新数据（2016）。喜蝶科Hedylidae的数据是依据Scoble和Aiello（1990）的研究。

作者在西非拍摄蝴蝶

种的色斑和纹理。有时一个拟态复合体可能包含了上百种外表几乎完全一样的蝴蝶。要鉴别这些拟态的蝴蝶，有必要检视一些解剖学特征，如复眼、足、触角、下唇须和翅脉，以及翅的形状和花纹。

3.分类与命名

与所有动植物一样，每个蝴蝶物种都有一个由属名和种名构成的拉丁学名，并用斜体书写，如金凤蝶的拉丁学名是*Papilio machaon*。

物种是生物学上独立的分类单元，种间无法杂交繁殖。亚种是地理上彼此隔离的种群，具有不同的翅面斑纹，但在解剖学上与其他亚种相同，彼此可以相互杂交。通常情况下，一个特定区域内只有一个亚种发生，但气候变化和地质事件可以使之前隔离的亚种重聚，并可能使其共栖于一地。

在生物学上非常相似的物种被归为一属。近缘的属被组合为科，而科也可依次划分为若干亚科和族。

分类学试图通过结构与起源的相似性来对生物进行分类。起初，蝴蝶的分类主要是依据翅脉的排布方式。后来，当认识到生殖器官是每个物种的独特特征后，外生殖器解剖就成为分类研究的先决条件。

当前，分类学家的工作立足于系统发育学，通过比较大量的特征，诸如幼期形态、成虫解剖特征、寄主植物和DNA序列等，来寻找共有特征，用以说明推测的演化关系。毫无疑问，这种分析方法相较之前更加准确，但它仍是一种主观的方法，而不是客观的事实。选择用于比较的特征的数量和适用性也会导致结果的分歧，并且用于分析的基因数量也受时间和经费预算的限制。因此，不同的分类学家常得出矛盾的结论。考虑到这一点，本书使用的分类系统与之前著作中使用的会存在差异，并且还需随着时间的推移而不断修订。

阿德里安·霍斯金斯

致谢

照片版权

本书中所有的照片均来自作者Adrian Hoskins， 但下面列出的这些除外。所有照片的版权均受到保护， 未经摄影者授权， 不得私自转载使用。

Andrew Neild（三尾凤蝶*Bhutanitis thaidina*，大卫绢蛱蝶*Calinaga davidis*，姹蛱蝶*Chalinga elwesi*， 洒青斑粉蝶*Delias sanaca*，大斑尾蚬蝶*Dodona egion*，银线黛眼蝶*Lethe argentata*， 垂泪舜眼蝶*Loxerebia ruricola*， 庞呃灰蝶*Lycaena pang*，中华黄葩蛱蝶*Patsuia sinensium*）

Antonio Giudici（圆灰蝶*Poritia hewitsoni*）

Chris Orpin （ 拟斑蛱蝶*Limenitis arthemis*）

David Fischer （ 浓框眼蝶*Heteronympha merope*，梯弄蝶*Trapezites symmomus*)

Khew Sin Khoon（得失斑粉蝶*Delias descombesi*，翠袖锯眼蝶*Elymnias hypermnestra*，素裙锯眼蝶*Elymnias vasudeva*， 绿鸟翼凤蝶*Ornithoptera priamus*）

Martin Gascoigne-Pees（阿波罗绢蝶*Parnassius apollo*）

Pam Donaldson（丝绒翠凤蝶*Papilio crino*)

Peter Bruce-Jones（英雄线眼蝶*Calisto herophile*， 缘锯凤蝶*Zerynthia rumina*）。

一、蝴蝶的分科

列举了蝴蝶的主要科和亚科

喜蝶科HEDYLIDAE，第16页。

弄蝶亚科Hesperiinae，第27页。

链弄蝶亚科Heteropterinae，第48页。

竖翅弄蝶亚科Coeliadinae，第17页。

珍弄蝶亚科Eudaminae，第19页。

花弄蝶亚科Pyrginae，第50页。

绢蝶亚科Parnassiinae，第355页。

凤蝶亚科Papilioninae，第338页。

黄粉蝶亚科Coliadinae，第359页。

袖粉蝶亚科Dismorphiinae，第367页。

粉蝶亚科Pierinae，第370页。

灰蝶亚科Lycaeninae，第90页。

眼灰蝶亚科Polyommatinae，第97页。

线灰蝶亚科Theclinae，第118页。

优蚬蝶亚科Euselasiinae，第388页。

古蚬蝶亚科Nemeobiinae，第392页。

蚬蝶亚科Riodininae，第395页。

蚬蝶亚科Riodininae，第395页。

苾蛱蝶亚科Biblidinae，第149页。

绢蛱蝶亚科Calinaginae，第173页。

螯蛱蝶亚科Charaxinae，第174页。

丝蛱蝶亚科Cyrestinae，第190页。

斑蝶亚科Danainae：斑蝶族DANAINI，第197页。

斑蝶亚科Danainae：绡蝶族ITHOMIINI，第202页。

袖蝶亚科Heliconiinae：豹蛱蝶族ARGYNNINI，第220页。

袖蝶亚科Heliconiinae：袖蝶族HELICONIINI，第224页。

喙蝶亚科Libytheinae，第235页。

线蛱蝶亚科Limenitidinae：翠蛱蝶族ADOLIADINI，第236页。

线蛱蝶亚科Limenitidinae：线蛱蝶族LIMENITIDINI，第249页。

蛱蝶亚科Nymphalinae，第262页。

秀蛱蝶亚科Pseudergolinae，第287页。

眼蝶亚科Satyrinae：环蝶族AMATHUSIINI，第289页。

眼蝶亚科Satyrinae：大翅环蝶族BRASSOLINI，第290页。

眼蝶亚科Satyrinae：晶眼蝶族HAETERINI，第295页。

眼蝶亚科Satyrinae：闪蝶族MORPHINI，第299页。

眼蝶亚科Satyrinae：眼蝶族SATYRINI，第300页。

二、喜蝶科

HEDYLIDAE

喜蝶科具有许多“蛾类的特征”，比如夜间飞行的习性和非棒状的触角。然而它们的卵有棱纹，纺锤状，这在结构上更接近粉蝶属*Pieris*的卵而非蛾类的卵。它们的幼虫也与蝴蝶相似，具有与闪蛱蝶属*Apatura*幼虫相似的角，以及与眼蝶幼虫相似的分叉的尾部。蛹与凤蝶属*Papilio*的种类相似，通过丝线将蛹体悬挂或捆绑在植物的茎或叶上。因此，喜蝶科现在被认为是蝴蝶，通常被称为“蛾蝶”（butterfly–moths）。

喜蝶科的所有物种都归于喜蝶属*Macrosoma*。仅有3种在白天飞行，其余37种均为夜行性，主要在晚上8~11时活动。

所包含的属：喜蝶属*Macrosoma*。

袖喜蝶 ***Macrosoma heliconiaria*** 分布于厄瓜多尔和秘鲁。这是一个常见的夜行性种，常见于安第斯山脉东部的云雾林里。

亮喜蝶 ***Macrosoma leucofasciata*** 分布于秘鲁。喜蝶属共40种，均分布于新热带界，其中26种为秘鲁特有种。

三、弄蝶科

HESPERIIDAE

弄蝶科通常简称为弄蝶。它们有6只功能正常的足，以粗壮的身体、间距宽阔的大型复眼、端部钩状的触角和快速灵活的飞行而著称。大多数弄蝶在白天飞行，但在热带地区也有不少晨昏活动的种类。全球目前已知3 996种。

（一）竖翅弄蝶亚科

Coeliadinae

（无族级划分）

竖翅弄蝶亚科共90种，分为9属。

所包含的属：尖尾弄蝶属*Allora*、尖翅弄蝶属*Badamia*、伞弄蝶属*Bibasis*、暮弄蝶属*Burara*、绿弄蝶属*Choaspes*、竖翅弄蝶属*Coeliades*、趾弄蝶属*Hasora*、赤冠弄蝶属*Pyrrhiades*、火冠弄蝶属*Pyrrhochalcia*。

钩纹伞弄蝶 ***Bibasis sena*** 分布于印度至中国、日本、马来西亚、菲律宾巴拉望岛和印度尼西亚。因其下唇须呈小伞状而得名。伞弄蝶属已知3种。

耳暮弄蝶 ***Burara amara*** 分布于印度东北部至中国西部。在黄昏和黎明活动频繁。有些分类学家将暮弄蝶属的17个种归在伞弄蝶属中。

橙翅暮弄蝶 ***Burara jaina*** 分布于印度至越南。与其他伞弄蝶和暮弄蝶一样，该种通常贴近地面快速飞行。

竖翅弄蝶 ***Coeliades forestan*** 分布于撒哈拉以南的非洲。竖翅弄蝶属分布于旧热带界，包括17种，其中5种为马达加斯加特有种。

三斑趾弄蝶 ***Hasora badra*** 分布于印度至中国、日本、菲律宾、马来西亚和印度尼西亚。趾弄蝶属共有39种。

纬带趾弄蝶 ***Hasora vitta*** 分布于印度至泰国、马来西亚、菲律宾巴拉望岛和印度尼西亚。趾弄蝶属大多数种类的后翅腹面有一条淡色带纹。

火冠弄蝶 ***Pyrrhochalcia iphis*** 分布于塞拉利昂至刚果。这种大型弄蝶飞行时像蜜蜂，行动缓慢，有目的性地在树与树间直线飞行。

（二）珍弄蝶亚科

Eudaminae

珍弄蝶亚科只包含珍弄蝶族，约有400种。大多数种分布于新热带界，少数种类分布延伸至北美洲。带弄蝶属*Lobocla*比较特殊，为东亚温带地区所特有。

珍弄蝶族EUDAMINI

珍弄蝶族由以下59个属组成。

所包含的属：昏弄蝶属*Achalarus*、尖角弄蝶属*Aguna*、蓝闪弄蝶属*Astraptes*、奥辉弄蝶属*Augiades*、金奥弄蝶属*Aurina*、幽弄蝶属*Autochton*、帮弄蝶属*Bungalotis*、铠弄蝶属*Cabares*、昌弄蝶属*Cabirus*、靓弄蝶属*Calliades*、大弄蝶属*Capila*、仙弄蝶属*Cephise*、铜弄蝶属*Chaetocneme*、凤尾弄蝶属*Chioides*、金鬃弄蝶属*Chrysoplectrum*、

铐弄蝶属*Codatractus*、枯弄蝶属*Cogia*、卓弄蝶属*Drephalys*、傣弄蝶属*Dyscophellus*、圭弄蝶属*Ectomis*、醉弄蝶属*Entheus*、饴弄蝶属*Epargyreus*、艾丽弄蝶属*Eriphellus*、隆弄蝶属*Heronia*、骇弄蝶属*Hyalothyrus*、隐祕弄蝶属*Hypocryptothrix*、卡特弄蝶属*Katreus*、带弄蝶属*Lobocla*、洛弄蝶属*Loxolexis*、茫弄蝶属*Marela*、娜弄蝶属*Narcosius*、娜虎弄蝶属*Nascus*、纤弄蝶属*Nerula*、尼策弄蝶属*Nicephellus*、奥塞弄蝶属*Ocyba*、谢弄蝶属*Oechydrus*、油斑弄蝶属*Oileides*、帕弄蝶属*Paracogia*、黄裙弄蝶属*Phareus*、芳弄蝶属*Phanus*、蓝条弄蝶属*Phocides*、尖臀弄蝶属*Polygonus*、褐尾弄蝶属*Polythrix*、顺弄蝶属*Porphyrogenes*、橙头银光弄蝶属*Proteides*、伪虎弄蝶属*Pseudonascus*、丽弄蝶属*Ridens*、萨弄蝶属*Salatis*、伤弄蝶属*Sarmientoia*、镰弄蝶属*Spathilepia*、华弄蝶属*Tarsoctenus*、电弄蝶属*Telemiades*、茸弄蝶属*Thessia*、褐弄蝶属*Thorybes*、雀尾弄蝶属*Typhedanus*、乌苔弄蝶属*Udranomia*、长尾弄蝶属*Urbanus*、纹脉弄蝶属*Venada*、赜弄蝶属*Zestusa*。

天青尖角弄蝶 *Aguna coelus* 分布于哥斯达黎加至亚马孙河流域。尖角弄蝶属共26种，包括本种在内的部分种类具粗短的尾突。其余种类，如有尾尖角弄蝶*A. metophis*，具有与长尾弄蝶属*Urbanus*相似的长尾突。

埃吉塔助弄蝶 *Aides aegita* 分布于巴拿马至亚马孙河流域。助弄蝶属共7种，翅腹面有白色斑块，类似的斑纹特征也发现于饴弄蝶属*Epargyreus*的18个种中。

霜影蓝闪弄蝶 ***Astraptes alardus*** 分布于墨西哥至亚马孙河流域。蓝闪弄蝶属的大多数种在形态上相似，但尾蓝闪弄蝶*A. brevicauda*和蚬蓝闪弄蝶*A.erycina*两个种具有短粗的尾突。

奈斯幽弄蝶 ***Autochton neis*** 分布于墨西哥至阿根廷。经常可见本种独自停在低矮的树叶上晒太阳。

乳带幽弄蝶 ***Autochton zarex*** 分布于墨西哥至秘鲁、巴西和阿根廷。幽弄蝶属13个种的前翅均有一条白色斜带。

昌弄蝶 ***Cabirus procas*** 分布于亚马孙河流域和安第斯山脉东部。雄蝶黄黑相间，雌蝶黑白相间，翅脉均为显眼的深褐色。两性均拟态有毒的昼行性透翅舟蛾。

双带蓝闪弄蝶 ***Astraptes fulgerator*** 分布于墨西哥至亚马孙河流域。蓝闪弄蝶属共33种，大多数种类具有金属蓝色鳞片和间断的透明斜带纹。

奈骇弄蝶 ***Hyalothyrus neleus*** 分布于墨西哥至亚马孙河流域。本种常10多只聚集在树叶下面的藏身地，受惊吓时群飞离开。当感到安全时，再一只只陆续飞回原来的地点。

毒金鬃弄蝶 ***Chrysoplectrum perniciosus*** 分布于巴拿马至玻利维亚和巴西。金鬃弄蝶属共10种，它们的翅形和斑纹都与蓝闪弄蝶属*Astraptes*相似。

含羞草枯弄蝶 ***Cogia calchas*** 分布于美国得克萨斯至阿根廷。枯弄蝶属的16个种在停息时翅竖立，展示出翅腹面的保护色。

娜虎弄蝶 ***Nascus phocus*** 分布于墨西哥至巴拉圭。娜虎弄蝶属共4种，白天藏身于树叶下方，黄昏时出来活动，与其他晨昏活动的弄蝶竞相吸食地面的尿液。

芳弄蝶 ***Phanus vitreus*** 分布于墨西哥至亚马孙河流域。芳弄蝶属共7种，专门吸食湿润的鸟粪。

舞蓝条弄蝶 ***Phocides vulcanides*** 分布于哥伦比亚。部分种类拟态其他弄蝶。蓝条弄蝶属前翅的蓝色条纹从基部放射状发出，但其他红臀弄蝶族Pyrrhopygini的蝴蝶，如约弄蝶属*Jemadia*和礁弄蝶属*Elbella*，翅面的蓝色条纹垂直排布。

阿古斯褐尾弄蝶 ***Polythrix gyges*** 分布于秘鲁。褐尾弄蝶属共12种，大多数种都有一组独特的方形透明窗斑。一般而言这些种类的尾突比长尾弄蝶属*Urbanus*更短粗。

黑褐尾弄蝶 ***Polythrix hirtius*** 分布于哥伦比亚和委内瑞拉。常见于阴雨天气，在潮湿的地面吸水。

棕色长尾弄蝶 ***Urbanus procne*** 分布于美国得克萨斯至亚马孙河流域和阿根廷。具长尾突的弄蝶不仅包括长尾弄蝶属的36个种，还有来自尖角弄蝶属*Aguna*、仙弄蝶属*Cephis*、凤尾弄蝶属*Chioides*、铐弄蝶属*Codatractus*、褐尾弄蝶属*Polythrix*和雀尾弄蝶属*Typhedanus*的至少50个种。

四斑长尾弄蝶 ***Urbanus teleus*** 分布于美国加利福尼亚至亚马孙河流域和乌拉圭。长尾弄蝶主要在受破坏的林缘草地活动。它们取食多种花的花蜜，尤其钟爱马缨丹属*Lantana*植物。

米特蓝条弄蝶 ***Phocides metrodorus*** 分布于哥斯达黎加至巴拉圭。这种大型的、身体粗壮的蝴蝶是蓝条弄蝶属16种中最常见的。通常可见其在水坑边缘吸水。

（三）缰弄蝶亚科

Euschemoniinae

（无族级划分）

缰弄蝶亚科只包含一个澳大利亚的种：缰弄蝶*Euschemon rafflesia*。这种黑黄相间的昆虫飞行时前翅和后翅由翅缰和容缰器相连，这在蝴蝶中是绝无仅有的。

所包含的属：缰弄蝶属*Euschemon*。

（四）弄蝶亚科

Hesperiinae

弄蝶亚科的幼虫喜食莎草、竹子和棕榈。一些属的成虫晒太阳时习惯保持前翅倾斜45° 而后翅水平的姿态。该亚科包含2 021个已被描述的种和至少150个待发现的种。

锷弄蝶族AEROMACHINI

除黄斑弄蝶属*Ampittia*分布范围可及非洲外，锷弄蝶族各属的分布均限于亚洲的热带地区。

所包含的属：锷弄蝶属*Aeromachus*、黄斑弄蝶属*Ampittia*、黧弄蝶属*Baracus*、酣弄蝶属*Halpe*、奥弄蝶属*Ochus*、讴弄蝶属*Onryza*、拟索弄蝶属*Parasovia*、徘弄蝶属*Pedesta*、玢弄蝶属*Pirdana*、琵弄蝶属*Pithauria*、须弄蝶属*Scobura*、异弄蝶属*Sebastonyma*、索弄蝶属*Sovia*、陀弄蝶属*Thoressa*。

疑锷弄蝶 ***Aeromachus dubius*** 分布于印度至马来西亚和印度尼西亚。锷弄蝶属共20种，栖息于茂盛的林缘草地。

奥弄蝶 ***Ochus subvittatus*** 分布于印度东北部至越南和中国。这种引人注目的小型弄蝶通常栖息在亚洲热带地区低海拔的林地边缘。

疏玢弄蝶 ***Pirdana distanti*** 分布于马来西亚、苏门答腊岛和加里曼丹岛。玢弄蝶属共4种，翅呈暗金属绿色，臀角被黄色绒毛。

伊索须弄蝶 ***Scobura isota*** 分布于印度东北部至马来半岛和越南。须弄蝶属共8种，翅腹面黄色，具白色或透明的斑点。

花柔弄蝶族ANTHOPTINI

花柔弄蝶族的种类主要通过雄蝶外生殖器的结构与弄蝶族的种类进行区分。

所包含的属： 花柔弄蝶属*Anthoptus*、郁弄蝶属*Corticea*、珐弄蝶属*Falga*、艳弄蝶属*Mnaseas*、拟笆弄蝶属*Propapias*、散弄蝶属*Synapte*、外弄蝶属*Wahydra*、皂弄蝶属*Zalomes*。

花柔弄蝶 ***Anthoptus epictetus*** 分布于墨西哥至阿根廷。上图展示的是这种常见蝴蝶的雄蝶。雌蝶的翅面均为深棕色。

帝郁弄蝶 ***Corticea diamantina*** 分布于墨西哥至巴西南部。这种常被忽视的小型棕色弄蝶给鉴定带来不小的挑战。

刺胫弄蝶族BAORINI

刺胫弄蝶族的大多数种类呈暗棕色，前翅有透明斑。所有属均分布于旧大陆。

所包含的属：刺胫弄蝶属*Baoris*、籼弄蝶属*Borbo*、刚果弄蝶属*Brusa*、珂弄蝶属*Caltoris*、吉弄蝶属*Gegenes*、妖弄蝶属*Iton*、稻弄蝶属*Parnara*、谷弄蝶属*Pelopidas*、孔弄蝶属*Polytremis*、普鲁弄蝶属*Prusiana*、齐诺弄蝶属*Zenonia*。

籼弄蝶 ***Borbo cinnara*** 分布于印度至日本、马来西亚、印度尼西亚和澳大利亚东北部。籼弄蝶属约有20种，其中16种分布于非洲，1种分布于欧洲东南部。

隐纹谷弄蝶 ***Pelopidas mathias*** 分布于非洲大陆、马达加斯加、阿拉伯半岛，印度至中国、马来西亚、菲律宾和印度尼西亚。谷弄蝶属共10种。

巴西弄蝶族CALPODINI

巴西弄蝶族的种类都分布于新热带界，其分类上的问题尚未完全解决。

所包含的属：助弄蝶属*Aides*、亚坩弄蝶属*Argon*、馥弄蝶属*Aroma*、巴西弄蝶属*Calpodes*、凯弄蝶属*Carystina*、白梢弄蝶属*Carystoides*、卡瑞弄蝶属*Carystus*、鹦鹉弄蝶属*Chloeria*、眸弄蝶属*Cobaloides*、娲弄蝶属*Cobalus*、疸弄蝶属*Damas*、杜疑弄蝶属*Dubiella*、厄弄蝶属*Ebusus*、绳弄蝶属*Evansiella*、拟青项弄蝶属*Lychnuchoides*、青项弄蝶属*Lychnuchus*、巨弄蝶属*Megaleas*、魔弄蝶属*Moeros*、新形弄蝶属*Neoxeniades*、纤丝弄蝶属*Nyctus*、孤弄蝶属*Orphe*、盘弄蝶属*Panoquina*、神弄蝶属*Sacrator*、颂弄蝶属*Saliana*、束弄蝶属*Synale*、斜弄蝶属*Talides*、特乐弄蝶属*Telles*、花唐弄蝶属*Tellona*、獭弄蝶属*Thracides*、迪喜弄蝶属*Tisias*、湍弄蝶属*Tromba*、托弄蝶属*Turesis*、图弄蝶属*Turmada*、憎弄蝶属*Zenis*。

米氏凯弄蝶 ***Carystina mielkei*** 分布于哥伦比亚。这种蝴蝶于2013年首次被科学描述。凯弄蝶属另外3种后翅腹面具纯白色横条纹，可与本种区别。

塞青项弄蝶 ***Lychnuchus celsus*** 分布于巴西东南部。青项弄蝶属共4种，翅正面为深棕色，前翅有1条宽阔的橙色斜带纹。

长须颂弄蝶 ***Saliana longirostris*** 分布于墨西哥至巴西南部。种名源于其极长的喙，这一特征为颂弄蝶属的20个种所共有。

珂獭弄蝶 ***Thracides cleanthe*** 分布于哥伦比亚至玻利维亚和亚马孙河流域。本种翅背面黑色，具蓝色光泽。部分亚种前翅具透明窗斑。

塞维颂弄蝶 ***Saliana severus*** 分布于墨西哥至厄瓜多尔。颂弄蝶属雄蝶在清晨活动，取食新鲜的鸟粪。雌蝶主要以花蜜为食，利用细长的喙吸食花管深处的花蜜。

弄蝶族HESPERIINI

弄蝶族目前包含59属：阿弄蝶属*Anatrytone*、惊弄蝶属*Appia*、阿罗弄蝶属*Arotis*、隐弄蝶属*Asbolis*、尘弄蝶属*Atalopedes*、红弄蝶属*Atrytone*、墨弄蝶属*Atrytonopsis*、巴弄蝶属*Buzyges*、咖弄蝶属*Caligulana*、婵弄蝶属*Chalcone*、潮弄蝶属*Choranthus*、康弄蝶属*Conga*、轲弄蝶属*Cravera*、圆腹弄蝶属*Cyclosma*、塞尼弄蝶属*Cynea*、黛弄蝶属*Decinea*、鼬弄蝶属*Euphyes*、混弄蝶属*Hansa*、弄蝶属*Hesperia*、郝弄蝶属*Holguinia*、火弄蝶属*Hylephila*、涌弄蝶属*Jongiana*、衡弄蝶属*Libra*、利弄蝶属*Librita*、琳弄蝶属*Lindra*、线弄蝶属*Linka*、金腹弄蝶属*Metron*、谬弄蝶属*Misius*、莫洛弄蝶属*Molo*、伪赭弄蝶属*Neochlodes*、倪弄蝶属*Neposa*、伪缎弄蝶属*Notamblyscirtes*、绀弄蝶属*Nyctelius*、赭弄蝶属*Ochlodes*、毕弄蝶属*Oeonus*、黑袄弄蝶属*Oligoria*、温弄蝶属*Onespa*、直弄蝶属*Orthos*、烁弄蝶属*Oxynthes*、拟潮弄蝶属*Parachoranthus*、棕色弄蝶属*Paratrytone*、狒弄蝶属*Phemiades*、玻弄蝶属*Polites*、袍弄蝶属*Poanes*、庞弄蝶属*Pompeius*、砖弄蝶属*Problema*、占弄蝶属*Propertius*、黑脉端弄蝶属*Pseudocopaeodes*、朱弄蝶属*Pyrrhocalles*、准弄蝶属*Quasimellana*、雷弄蝶属*Racta*、香弄蝶属*Serdis*、瓷弄蝶属*Stringa*、负弄蝶属*Thespieus*、颓弄蝶属*Tirynthia*、缇弄蝶属*Tirynthoides*、婉弄蝶属*Vacerra*、瓦弄蝶属*Wallengrenia*、客弄蝶属*Xeniades*。主要分布于新热带界。

玫阿弄蝶 ***Anatrytone mella*** 分布于墨西哥至玻利维亚。本种为广布种，容易与其他多个种类混淆。

咖弄蝶 ***Caligulana caligula*** 分布于巴西东南部。本种是咖弄蝶属唯一的种类，栖息于大西洋沿岸森林邻接的草地。

康弄蝶 ***Conga chydaea*** 分布于美国得克萨斯至阿根廷。种名源于其前翅上的浅色条纹，这些条纹在停息时会被后翅遮挡，很难看到。

喷烟鼬弄蝶 ***Euphyes peneia*** 分布于墨西哥至巴西。雄蝶具有领地意识，借助高大的植物茎秆巡视领地，阻截雌蝶或其他入侵的雄蝶。鼬弄蝶属共21种。

银斑弄蝶 ***Hesperia comma*** 分布于加拿大、美国、欧洲和亚洲温带。弄蝶属共15种，大多数是北美洲特有种。

秘鲁火弄蝶 ***Hylephila peruana*** 分布于秘鲁。同属的火弄蝶*H. phyleus*分布范围很广，从美国加利福尼亚一直到智利，而包括本种在内的另外13个种则局限于干燥的安第斯山脉西坡的特定地区。

大赭弄蝶 ***Ochlodes sylvanus*** 分布于欧洲至中国北部。雄蝶前翅上的深色条纹标志着香鳞所在的位置：香鳞散发的气味能吸引雌蝶。赭弄蝶属共21种。

庞弄蝶 ***Pompeius pompeius*** 分布于墨西哥至阿根廷。庞弄蝶属另外5个种翅腹面的颜色较本种更浅。

苍贠弄蝶 ***Thespieus ethemides*** 分布于阿根廷、巴拉圭和巴西东南部。本种非常活跃，常从一处快速飞到另一处，吸食花蜜或在光秃的地面吸水。

厄贠弄蝶 ***Thespieus opigena*** 分布于厄瓜多尔至玻利维亚。本种生活在云雾林中，主要在黄昏时飞舞，但有时温暖的阴天也能见到它独自在林间活动。

灵动贫弄蝶 *Thespieus vividus* 分布于巴西东南部。刚羽化时翅腹面为褐红色，但很快会褪为暗棕红色。

客弄蝶 *Xeniades orchamus* 分布于墨西哥至阿根廷。本种体型大于弄蝶族的其他种类，翅展约为65mm。

紫弄蝶族MONCINI

紫弄蝶族共81属，主要分布于新热带界。

所包含的属：谦紫弄蝶属*Adlerodea*、缎弄蝶属*Amblyscirtes*、朦弄蝶属*Apaustus*、艺弄蝶属*Arita*、鹰弄蝶属*Artines*、布朗弄蝶属*Bruna*、美睦弄蝶属*Callimormus*、刺弄蝶属*Cantha*、古弄蝶属*Cobalopsis*、司弄蝶属*Crinifemur*、坎弄蝶属*Cumbre*、鹿弄蝶属*Cymaenes*、雕弄蝶属*Dion*、并弄蝶属*Enosis*、伊猬弄蝶属*Eprius*、优弄蝶属*Eutocus*、优迪弄蝶属*Eutychide*、弱弄蝶属*Flaccilla*、迦流弄蝶属*Gallio*、海弄蝶属*Halotus*、伊戈弄蝶属*Igapophilus*、茵弄蝶属*Inglorius*、乔弄蝶属*Joanna*、贾斯廷弄蝶属*Justinia*、亮弄蝶属*Lamponia*、缓柔弄蝶属*Lento*、影弄蝶属*Lerema*、鼠弄蝶属*Lerodea*、晃弄蝶属*Levina*、露弄蝶属*Lucida*、卢弄蝶属*Ludens*、蔑弄蝶属*Methion*、乌弄蝶属*Methionopsis*、旭弄蝶属*Miltomiges*、莽弄蝶属*Mnasicles*、萌弄蝶属*Mnasilus*、描边弄蝶属*Mnasinous*、梦弄蝶属*Mnasitheus*、妙弄蝶属*Mnestheus*、糙弄蝶属*Moeris*、牡弄蝶属*Molla*、紫弄蝶属*Monca*、颉弄蝶属*Morys*、穆弄蝶属*Mucia*、痣弄蝶属*Naevolus*、污弄蝶属*Nastra*、黄涅弄蝶属*Niconiades*、奥懦弄蝶属*Onophas*、潘弄蝶属*Pamba*、板弄蝶属*Panca*、笆弄蝶属*Papias*、银箔弄蝶属*Paracarystus*、黄脉弄蝶属*Parphorus*、派弄蝶属*Peba*、簇弄

蝶属*Penicula*、船弄蝶属*Punta*、矿藏弄蝶属*Phanes*、傅弄蝶属*Pheraeus*、管弄蝶属*Phlebodes*、癣弄蝶属*Psoralis*、辐射弄蝶属*Radiatus*、染弄蝶属*Remella*、蕊弄蝶属*Repens*、嶙弄蝶属*Rhinthon*、赛弄蝶属*Saniba*、铅弄蝶属*Saturnus*、聚弄蝶属*Styriodes*、娑弄蝶属*Sucova*、骏弄蝶属*Thargella*、腾弄蝶属*Thoon*、恬弄蝶属*Tigasis*、特洛弄蝶属*Troyus*、帏罩弄蝶属*Vehilius*、脉络弄蝶属*Venas*、顶弄蝶属*Vertica*、铂弄蝶属*Vettius*、射弄蝶属*Vidius*、蓊弄蝶属*Vinius*、薇弄蝶属*Vinpeius*、棍弄蝶属*Virga*、彰弄蝶属*Zariaspes*。主要分布于新热带界。

纤朦弄蝶 *Apaustus gracilis* 分布于尼加拉瓜至亚马孙河流域。常见于杂草丛生的环境，包括河堤、林间空地和中海拔的牧场等。

荣耀刺弄蝶 *Cantha honor* 分布于巴西东南部。本种翅背面为棕黄色，与其他许多弄蝶相似，但带条纹的翅腹面却显得与众不同。

南坎弄蝶 *Cumbre meridionalis* 分布于阿根廷至巴西南部。弄蝶亚科的雄蝶经常将前足举起，姿态酷似袋鼠。

珍珠鹿弄蝶 *Cymaenes perloides* 分布于巴西东南部。本种后翅具淡紫色光泽，上有白色小圆点，易与其他大多数弄蝶区分。

二点并弄蝶 ***Enosis schausi*** 分布于巴西东南部。本种翅上有两对白色小圆点，很容易识别。

然火雾弄蝶 ***Ginungagapus ranesus*** 分布于巴西东南部。这一冗长的属名源于一个挪威语单词，是神话中一个只有火与雾的地方，意指该属蝴蝶翅腹面独特的颜色和图案。

弱弄蝶 ***Flaccilla aecas*** 分布于墨西哥至巴西南部。这种华丽的小型弄蝶是弱弄蝶属唯一的种。栖息于只有晴天才会有一点光线透射进来的雨林深处。

痣弄蝶 ***Naevolus orius*** 分布于墨西哥至巴西东南部。这种雨林弄蝶是痣弄蝶属唯一的种。主要在黎明和黄昏时飞舞。

奥懦弄蝶 ***Onophas columbaria*** 分布于巴拿马至巴西。蓝色的头、胸部和黄色的翅腹面是本种独有的特征组合。

染弄蝶 ***Remella remus*** 分布于墨西哥至巴拉圭和巴西东南部。染弄蝶属共5种，经常可见在宽阔的林中小道旁吸食花蜜。

萨赛弄蝶 ***Saniba sabina*** 分布于巴西东南部。本种是里约热内卢和圣保罗大西洋沿岸的热带雨林中的特有种。

璞帏罩弄蝶 ***Vehilius putus*** 分布于哥伦比亚至秘鲁。新热带界分布着许多类似的具有淡色翅脉的弄蝶，包括朦弄蝶属*Apaustus*、美睦弄蝶属*Callimormus*、优弄蝶属*Eutocus*、黄脉弄蝶属*Parphorus*、辐射弄蝶属*Radiatus*、铅弄蝶属*Saturnus*和帏罩弄蝶属*Vehilius*。

彰弄蝶 ***Zariaspes mys*** 分布于墨西哥至巴拉圭。这种美丽的弄蝶翅腹面为黄色，具丝绸样光泽，不具任何斑纹。

琐帏罩弄蝶 ***Vehilius clavicular*** 分布于巴西东南部。栖息于巴西东南部和阿根廷北部的林缘草地。

琐帏罩弄蝶 ***Vehilius clavicular*** 本种翅腹面与同属其他种类有很大不同。

黄弄蝶族TARACTROCERINI

黄弄蝶族主要分布于新几内亚岛，但也有一些属分布于印度、东南亚和澳大利亚。

所包含的属：艾弄蝶属*Arrhenes*、诙谐弄蝶属*Banta*、金斑弄蝶属*Cephrenes*、皋弄蝶属*Kobrona*、冥弄蝶属*Mimene*、丫纹弄蝶属*Ocybadistes*、偶侣弄蝶属*Oriens*、酥弄蝶属*Pastria*、黄室弄蝶属*Potanthus*、条弄蝶属*Sabera*、隼弄蝶属*Suniana*、黄弄蝶属*Taractrocera*、长标弄蝶属*Telicota*。

孔子黄室弄蝶 *Potanthus confucius* 分布于印度至中国和马来西亚。这种小型弄蝶常见于林缘草地。黄室弄蝶属共36种。

长标弄蝶 *Telicota colon* 分布于印度至缅甸。长标弄蝶属主要分布于新几内亚岛，但有部分种分布于东洋界、大洋洲诸岛和澳大利亚。

豹弄蝶族THYMELICINI

豹弄蝶族大多数种类为小型弄蝶，前后翅表面为黄褐色。除豹弄蝶属*Thymelicus*分布于全北界以外，其他属均分布于新热带界。

所包含的属：射晖弄蝶属*Adopaeodes*、橙弄蝶属*Ancyloxypha*、金弄蝶属*Copaeodes*、灿弄蝶属*Oarisma*、豹弄蝶属*Thymelicus*。

线豹弄蝶 *Thymelicus lineola* 分布于北美洲、欧洲和温带亚洲。本种分布广泛、数量庞大，通常数以千计地发生，栖息地从草原、林地一直到高山草甸。

有斑豹弄蝶 *Thymelicus sylvestris* 分布于欧洲。可通过触角端部反面的颜色来鉴别本种：线豹弄蝶*T. lineola*为黑色，而本种为橙色或浅红色。

分类地位未定

下面列出的各属在族级归属上的问题尚未解决。本书在此将它们归为一组，但并不意味着它们是近缘的。

所包含的属：玄弄蝶属*Acada*、圣弄蝶属*Acerbas*、白牙弄蝶属*Acleros*、弦弄蝶属*Actinor*、美大弄蝶属*Aegiale*、硕大弄蝶属*Agathymus*、红基弄蝶属*Alera*、钩弄蝶属*Ancistroides*、昂弄蝶属*Andronymus*、范弄蝶属*Ankola*、窄翅弄蝶属*Apostictopterus*、突须弄蝶属*Arnetta*、橙晕弄蝶属*Artitropa*、腌翅弄蝶属*Astictopterus*、舟弄蝶属*Barca*、勘弄蝶属*Caenides*、粉弄蝶属*Ceratrichia*、软鳞弄蝶属*Chandrolepis*、莱弄蝶属*Creteus*、丘比特弄蝶属*Cupitha*、爱迪弄蝶属*Eetion*、疑奥弄蝶属*Eogenes*、蕉弄蝶属*Erionota*、菲弄蝶属*Fresna*、福弄蝶属*Fulda*、盖弄蝶属*Galerga*、嘉弄蝶属*Gamia*、椰弄蝶属*Gangara*、爵弄蝶属*Ge*、槁弄蝶属*Gorgyra*、磙弄蝶属*Gretna*、纪弄蝶属*Gyrogra*、寿弄蝶属*Hidari*、希弄蝶属*Hyarotis*、白衬弄蝶属*Hypoleucis*、雅弄蝶属*Iambrix*、曜弄蝶属*Idmon*、伊尔弄蝶属*Ilma*、缨矛弄蝶属*Isma*、旖弄蝶属*Isoteinon*、肯弄蝶属*Kedestes*、红标弄蝶属*Koruthaialos*、狮弄蝶属*Leona*、肋弄蝶属*Lepella*、珞弄蝶属*Lotongus*、赉弄蝶属*Lycas*、妆弄蝶属*Malaza*、玛弄蝶属*Matapa*、大弄蝶属*Megathymus*、美尔弄蝶属*Melphina*、媚弄蝶属*Meza*、奇弄蝶属*Miraja*、融弄蝶属*Moltena*、白垩弄蝶属*Monza*、善弄蝶属*Mopala*、袖弄蝶属*Notocrypta*、小龙弄蝶属*Oerane*、奥骚弄蝶属*Orses*、坛弄蝶属*Osmodes*、多哥弄蝶属*Osphantes*、拟白牙弄蝶属*Paracleros*、嵌弄蝶属*Pardaleodes*、印弄蝶属*Paronymus*、帕罗弄蝶属*Parosmodes*、斗弄蝶属*Pemara*、绿背弄蝶属*Perichares*、白佩弄蝶属*Perrotia*、玢弄蝶属*Pirdana*、串弄蝶属*Plastingia*、扁弄蝶属*Platylesches*、杏仁弄蝶属*Ploetzia*、略弄蝶属*Prada*、金琐弄蝶属*Praescobura*、虚弄蝶属*Prosopalpus*、伪角弄蝶属*Pseudokerana*、伪玢弄蝶属*Pseudopirdana*、秀弄蝶属*Pseudosarbia*、烟弄蝶属*Psolos*、佬弄蝶属*Pteroteinon*、羞弄蝶属*Pudicitia*、火脉弄蝶属*Pyroneura*、翩弄蝶属*Pyrrhopygopsis*、奎弄蝶属*Quedara*、棒螳弄蝶属*Rhabdomantis*、劭弄蝶属*Salanoemia*、绅弄蝶属*Semalea*、巨大弄蝶属*Stallingsia*、帅弄蝶属*Stimula*、绥弄蝶属*Suada*、素弄蝶属*Suastus*、带沃弄蝶属*Teniorhinus*、台弄蝶属*Tiacellia*、绮弄蝶属*Tsitana*、屠弄蝶属*Turnerina*、姜弄蝶属*Udaspes*、雾弄蝶属*Unkana*、黄瑕弄蝶属*Xanthodisca*、黄显弄蝶属*Xanthoneura*、禅弄蝶属*Zela*、肿脉弄蝶属*Zographetus*、白边弄蝶属*Zophopetes*。

银斑粉弄蝶 ***Ceratrichia argyrosticta*** 分布于加纳至乌干达。粉弄蝶属共20种，均为非洲特有种。大多数种翅腹面为奶白色或黄色，有银色或白色斑点。

海豹粉弄蝶 ***Ceratrichia phocion*** 分布于塞拉利昂至喀麦隆和刚果。本种在西非茂密的雨林中十分常见。

丘比特弄蝶 ***Cupitha purreea*** 分布于印度至马来西亚、菲律宾和印度尼西亚。本种翅腹面黄色，没有任何斑纹，很容易识别。

布氏嘉弄蝶 ***Gamia buchholzi*** 分布于塞拉利昂至乌干达。本种为晨昏性的雨林蝶种，飞行速度快，曾被误认为是一种小型天蛾。

戈氏赉弄蝶 ***Lycas godart*** 分布于巴拿马至厄瓜多尔和巴西。本种复眼红色，喙较长，翅面上有白色条纹，十分引人注目。为晨昏活动种类，但阴天时也偶见其在白天活动。

玛弄蝶 ***Matapa aria*** 分布于印度至菲律宾。红色复眼是晨昏性弄蝶的一个普遍特征，在全球的许多属中都有发现。

袖弄蝶 ***Notocrypta curvifasciata*** 分布于印度至日本、马来西亚和苏门答腊岛。袖弄蝶属共有5种，分布于印度至新几内亚岛。

坛弄蝶 ***Osmodes laronia*** 分布于利比里亚至乌干达。坛弄蝶属所有种的翅腹面均为黄色，配以白色斑点，有些则是大理石纹理，配以褐色斑点。

托拉坛弄蝶 ***Osmodes thora*** 分布于利比里亚至埃塞俄比亚，向南可及刚果。坛弄蝶属共15种，均仅分布于非洲的森林地带。

嵌弄蝶 ***Pardaleodes edipus*** 分布于塞拉利昂至加蓬。在阳光明媚的早晨，这种常见的蝴蝶会在林间路旁的低矮叶片上晒太阳。

阿德拉绿背弄蝶 ***Perichares adela*** 分布于墨西哥至巴西。绿背弄蝶属共16种，均为晨昏性种类。本种是其中最广布的种。

黄嵌弄蝶 ***Pardaleodes sator*** 分布于塞内加尔至刚果。两性都爱造访黄色花，常从一处快速飞至另一处寻找花蜜。

烟弄蝶 ***Psolos fuligo*** 分布于印度至越南、菲律宾、马来西亚和印度尼西亚。本种是常见的林栖弄蝶，停息时前翅端部稍稍分开。

黑星弄蝶 ***Suastus gremius*** 分布于印度至中国台湾和马来半岛。本种幼虫取食棕榈。成虫常见于林地边缘访花吸蜜。

（五）链弄蝶亚科

Heteropterinae

与弄蝶亚科不同，链弄蝶亚科的种类在晒太阳时翅完全展开，腹部相较其他亚科更加细长。

（无族级划分）

该亚科共192种，栖息于全北界温带地区的林缘草地、安第斯山区的云雾林和受保护的高海拔草场。

所包含的属：窄翅弄蝶属*Apostictopterus*、金翼弄蝶属*Argopteron*、舟弄蝶属*Barca*、仆弄蝶属*Butleria*、银弄蝶属*Carterocephalus*、达弄蝶属*Dalla*、胆弄蝶属*Dardarina*、福瑞弄蝶属*Freemaniana*、链弄蝶属*Heteropterus*、霍弄蝶属*Hovala*、肋弄蝶属*Lepella*、小弄蝶属*Leptalina*、糜弄蝶属*Metisella*、璧弄蝶属*Piruna*、绮弄蝶属*Tsitana*。

库帕达弄蝶 *Dalla cupavia* 分布于秘鲁和玻利维亚。达弄蝶属共95种，均产于中南美洲山区。

瘿果达弄蝶 ***Dalla cypselus*** 分布于哥伦比亚至玻利维亚。达弄蝶属大多数种的后翅上均有明显的金色或乳白色斑点。

链弄蝶 ***Heteropterus morpheus*** 分布于欧洲和温带亚洲。这种美丽的林栖弄蝶以其奇特的摇摆飞行方式而闻名。

斯达弄蝶 ***Dalla spica*** 分布于秘鲁、玻利维亚和阿根廷北部。本种与达弄蝶属多个种相似，如中黄达弄蝶*D.mesoxantha*、沃德达弄蝶*D. wardi*和四斑达弄蝶*D. quasca*。

平板达弄蝶 ***Dalla plancus*** 分布于哥伦比亚至玻利维亚。链弄蝶亚科的一些种类后翅无金色斑点，但大多数种类前翅都有一系列的透明斑点。

（六）花弄蝶亚科

Pyrginae

花弄蝶亚科全世界约有800种。与弄蝶亚科不同，该亚科的种类在晒太阳时翅完全展开，停息时完全竖立。

钩翅弄蝶族ACHLYODIDINI

钩翅弄蝶族的许多种类往往具有引人注目的色彩或奇特的翅形。所有的15个属均分布于新热带界。

所包含的属： 钩翅弄蝶属*Achlyodes*、穹弄蝶属*Aethilla*、阿达弄蝶属*Atarnes*、查里弄蝶属*Charidia*、祷弄蝶属*Doberes*、暗弄蝶属*Eantis*、伊博弄蝶属*Eburuncus*、豪弄蝶属*Gindanes*、血弄蝶属*Haemactis*、米兰弄蝶属*Milanion*、奥琉弄蝶属*Ouleus*、帕拉弄蝶属*Paramimus*、牌弄蝶属*Pythonides*、矩弄蝶属*Quadrus*、灵弄蝶属*Zera*。

暗白钩翅弄蝶 ***Achlyodes pallida*** 是一种大型蝴蝶，分布于墨西哥至玻利维亚。钩翅弄蝶属仅有的另外一个种大钩翅弄蝶*A. busiru*翅上具黑色绒毛。

美穹弄蝶 ***Aethilla memmius*** 分布于委内瑞拉和哥伦比亚。本种体色较深，体形粗壮，经常可见在潮湿的地面吸水。

查里弄蝶 ***Charidia lucaria*** 分布于哥伦比亚至秘鲁。雌蝶后翅上有宽阔的白色带纹，雄蝶则为橙色窄带。

思雷索暗弄蝶 ***Eantis thraso*** 分布于墨西哥至阿根廷。暗弄蝶属*Eantis*共7种，雄蝶被富含矿物质的汁液吸引，例如被尿液浸透的土壤，而雌蝶常被发现吸食黄菀属*Senecio*植物的花蜜。

血弄蝶 ***Haemactis sanguinalis*** 分布于厄瓜多尔至玻利维亚。血弄蝶属4个种的雄蝶翅面均有红色“口红”状斑纹。雌蝶翅面白色，翅脉黑色，有橙色和黑色组成的大理石斑纹。

娜奥琉弄蝶 ***Ouleus narycus*** 分布于秘鲁至玻利维亚。美丽的金属蓝色后翅是本种独有的特征。奥琉弄蝶属另外12个种翅面泥褐色，具更亮或更暗的斑纹。

白斑牌弄蝶 ***Pythonides lancea*** 牌弄蝶属共20种，部分种类后翅有蓝色辐射状条纹。本种前翅也有这种条纹。

矩弄蝶 ***Quadrus cerialis*** 分布于墨西哥至巴西南部。矩弄蝶属共12种，其中多数种类前翅上具金属蓝色鳞片和小型透明窗斑。

密矩弄蝶 ***Quadrus contubernalis*** 分布于墨西哥至亚马孙河流域上游。这种蓝色的蝴蝶通常见于林间小径，喜欢在阳光斑驳的树叶上晒太阳。

半灵弄蝶 ***Zera hosta*** 分布于墨西哥至哥伦比亚。本种后翅腹面为蓝灰色，而其近似种喜灵弄蝶*Z. phila*后翅腹面则为棕色。

卡弄蝶族CARCHARODINI

卡弄蝶族的大部分属主要分布于新热带界，仅卡弄蝶属*Carcharodus*和点弄蝶属*Muschampia*分布于古北界。许多种类外表十分朴素，但有些种类具有与众不同的眼斑，另一些种类头部、胸部和翅上有金属色的鳞片。

所包含的属：亚伦弄蝶属*Alenia*、云弄蝶属*Arteurotia*、杂弄蝶属*Bolla*、布弄蝶属*Burca*、卡弄蝶属*Carcharodus*、昆弄蝶属*Conognathus*、环弄蝶属*Cyclosemia*、弗弄蝶属*Fuscocimex*、石弄蝶属*Gomalia*、绿头弄蝶属*Gorgopas*、赫弄蝶属*Hesperopsis*、伊弄蝶属*Iliana*、皱缘弄蝶属*Mictris*、三尖弄蝶属*Jera*、弥环弄蝶属*Mimia*、摹弄蝶属*Morvina*、敏弄蝶属*Myrinia*、点弄蝶属*Muschampia*、霓弄蝶属*Nisoniades*、瑙弄蝶属*Noctuana*、眼弄蝶属*Ocella*、蔽弄蝶属*Pachyneuria*、多弄蝶属*Polyctor*、皮弄蝶属*Pellicia*、碎滴弄蝶属*Pholisora*、聪弄蝶属*Sophista*、饰弄蝶属*Spialia*、贝弄蝶属*Staphylus*、维弄蝶属*Viola*、风弄蝶属*Windia*、匣弄蝶属*Xispia*。

铜杂弄蝶 ***Bolla cupreiceps*** 分布于墨西哥至玻利维亚和巴西。本种可能与黄头贝弄蝶*Staphylus ceos*相混淆，但后者在前翅靠近顶角处有一对白色小斑点。

雨杂弄蝶 ***Bolla imbras*** 分布于墨西哥至委内瑞拉。杂弄蝶属的30个种与贝弄蝶属*Staphylus*的55个种彼此相似，但后者体形更小，后翅外缘更加不规则。

婀卡弄蝶 ***Carcharodus alceae*** 分布于欧洲和温带亚洲。与花弄蝶亚科的多数种类相似。本种幼虫独自栖息在树叶上的丝巢内。

花卡弄蝶 ***Carcharodus flocciferus*** 分布于西班牙至巴尔干半岛和温带亚洲。本种是卡弄蝶属8个种中最广布的。

绿肩绿头弄蝶 ***Gorgopas trochilus*** 分布于亚马孙河流域。绿头弄蝶属另外还有4个种。其中水滴绿头弄蝶*G. gutta*和绿头弄蝶*G. chlorocephala*只头部有绿色鳞片，而暗纹绿头弄蝶*G. agylla*和黑点绿头弄蝶*G. petale*的鳞片颜色更淡且缺乏光泽。

莱帕环弄蝶 ***Cyclosemia leppa*** 分布于危地马拉至玻利维亚。环弄蝶属*Cyclosemia*、摹弄蝶属*Morvina*和敏弄蝶属*Myrinia*的所有种类前翅上均有一对明显的双瞳点眼斑。

巴西霓弄蝶 ***Nisoniades brazia*** 分布于巴西。霓弄蝶属的33个种十分相似，分布于墨西哥至巴西东南部。

聪弄蝶 ***Sophista aristoteles*** 分布于哥伦比亚至秘鲁和亚马孙河流域。这种独特并且引人注目的蝴蝶绝不可能与其他种相混淆。

多弄蝶 ***Polyctor polyctor*** 分布于安第斯山脉、亚马孙河流域和巴西东南部。这种常见的蝴蝶与班苍弄蝶*Carrhenes bamba*相似，但其翅面上的白色带纹更宽。

圆斑饰弄蝶 ***Spialia orbifer*** 分布于巴尔干半岛和温带亚洲。饰弄蝶属的28个种主要分布于非洲，外表与花弄蝶属*Pyrgus*十分相似。

欧贝弄蝶 ***Staphylus oeta*** 分布于巴拿马至亚马孙河流域和阿根廷。贝弄蝶属的大部分种与本种非常相似，但黄头贝弄蝶*S. ceos*除外，后者头部密被金色鳞片。

眼斑匣弄蝶 ***Xispia satyrus*** 分布于巴西东南部。林缘地带的常见种类，飞行时易与褐眼蝶属*Hermeuptychia*的种类相混淆。

星弄蝶族CELAENORRHINI

星弄蝶族主要分布于非洲。然而，刷胫弄蝶属*Sarangesa*的部分种类分布于亚洲，襟弄蝶属*Pseudocoladenia*仅分布于亚洲，星弄蝶属*Celaenorrhinus*则分布于泛热带。

所包含的属：亚伦弄蝶属*Alenia*、星弄蝶属*Celaenorrhinus*、迩弄蝶属*Eretis*、卡特弄蝶属*Katreus*、奥特弄蝶属*Ortholexis*、襟弄蝶属*Pseudocoladenia*、刷胫弄蝶属*Sarangesa*。

斜带星弄蝶 ***Celaenorrhinus aurivattus*** 分布于印度东北部至马来西亚。星弄蝶属大部分种类的前翅上有一行半透明窗斑，而本种相邻的斑纹连接成一条完整的带纹。

橙色星弄蝶 ***Celaenorrhinus galenus*** 分布于塞内加尔至喀麦隆。雄蝶藏身在树叶下，一旦有雌蝶经过就迅速冲出拦截，若有其他雄蝶入侵领地，则会疯狂驱逐。

白带黑星弄蝶 ***Celaenorrhinus proxima*** 分布于几内亚至肯尼亚。星弄蝶属雌蝶常吸食马樱丹属*Lantana*植物的花蜜，雄蝶则主要以鸟粪为食。

红角星弄蝶 ***Celaenorrhinus ruficornis*** 分布于印度至印度尼西亚。这种常见的蝴蝶喜食多种花蜜，常在树叶下停息。

黄襟弄蝶 ***Pseudocoladenia dan*** 分布于印度至中国和印度尼西亚。这种十分常见的弄蝶栖息于林地边缘，分布遍及东洋界大部分地区。

黄翅刷胫弄蝶 ***Sarangesa bouvieri*** 分布于科特迪瓦至津巴布韦。刷胫弄蝶属有23种分布于非洲，3种分布于东洋界。

莱刷胫弄蝶 ***Sarangesa laelius*** 分布于非洲。一种常见而广布的蝴蝶，栖息于非洲很多地方的空旷林地、热带草原和农田上。

珠弄蝶族ERYNNINI

除珠弄蝶属*Erynnis*分布于全北界外，珠弄蝶族剩下的属均分布于新热带界。大多数种类外形简单，褐色，翅面常有复杂的深色斑纹。

所包含的属：安弄蝶属*Anastrus*、凸翅弄蝶属*Camptopleura*、旗弄蝶属*Chiomara*、轮弄蝶属*Cycloglypha*、酒弄蝶属*Ebrietas*、文弄蝶属*Ephyriades*、珠弄蝶属*Erynnis*、革弄蝶属*Gesta*、斑驳弄蝶属*Gorgythion*、烙弄蝶属*Grais*、痕弄蝶属*Helias*、霾弄蝶属*Mylon*、河衬弄蝶属*Potamanaxas*、蓑弄蝶属*Sostrata*、闪光弄蝶属*Speculum*、双色弄蝶属*Theagenes*、汀弄蝶属*Timochares*、涂弄蝶属*Tosta*。

黑灰安弄蝶 ***Anastrus neaeris*** 分布于墨西哥至玻利维亚和巴西。安弄蝶属共13种，多个种类带有蓝色光泽，其中又以本种的色彩最为显眼。

陶黄安弄蝶 ***Anastrus tolimus*** 分布于墨西哥至厄瓜多尔。本种通常独自活动，可见其在叶子上停息或在光秃的地面吸水。

奥凸翅弄蝶 ***Camptopleura auxo*** 分布于墨西哥至巴西和巴拉圭。凸翅弄蝶属共6种，翅上均有相似的波状斑纹。

玻利维亚凸翅弄蝶 ***Camptopleura termon*** 分布于秘鲁和玻利维亚。这类蝴蝶的英文俗名（Bentskipper）源于其停息时前翅向下折叠。

伊轮弄蝶 ***Cycloglypha enega*** 分布于尼加拉瓜至玻利维亚和巴西。雄蝶常与凸翅弄蝶属*Camptopleura*、酒弄蝶属*Ebrietas*和铁锈弄蝶属*Antigonus*的种类群集吸水。

笛西轮弄蝶 ***Cycloglypha tisias*** 分布于墨西哥至巴西。属名意为“圆形的符号”（circular symbols），意指翅上弯弯曲曲的斑纹。

黑酒弄蝶 ***Ebrietas evanidus*** 分布于墨西哥至亚马孙河流域。酒弄蝶属的7个种中，黑褐酒弄蝶*E. anacreon*最为常见，它与本种相似，但前翅端部明显钩状。

珠弄蝶 ***Erynnis tages*** 分布于欧洲和温带亚洲。珠弄蝶属的6个古北界种和15个新北界种均采用独特的停息姿态，即用翅紧裹住植物的种穗、茎秆或细枝。

贝斑驳弄蝶 ***Gorgythion beggina*** 分布于哥斯达黎加至阿根廷和巴西东南部。斑驳弄蝶属共6种。

卡马痕弄蝶 ***Helias cama*** 分布于墨西哥至哥伦比亚。本种翅弯曲，翅面有波状斑纹，密被具金属光泽的鳞片，使整体呈现出三维立体的效果。

戈氏痕弄蝶 ***Helias godmani*** 分布于哥斯达黎加至秘鲁。痕弄蝶属共3种，均喜欢栖息于低矮叶片上或干枯树枝的顶端。

四点霾弄蝶 ***Mylon zephus*** 分布于哥伦比亚至玻利维亚。通常可见这种美丽的蝴蝶在安第斯山的路边吸水或造访泽兰属*Eupatorium*植物的花。

暗白霾弄蝶 ***Mylon cajus*** 分布于危地马拉至秘鲁。霾弄蝶属共15种，均有相同的翅形和发白的底色。大多数种类的斑纹浅淡而模糊，但泽霾弄蝶*M. zephus*、霾弄蝶*M. lassia*和伊利霾弄蝶*M. illineatus*的斑纹很明显。

老河衬弄蝶 ***Potamanaxas laoma*** 分布于哥伦比亚至玻利维亚。河衬弄蝶属共30种，大多数种类彼此相似，在野外几乎不能分辨。

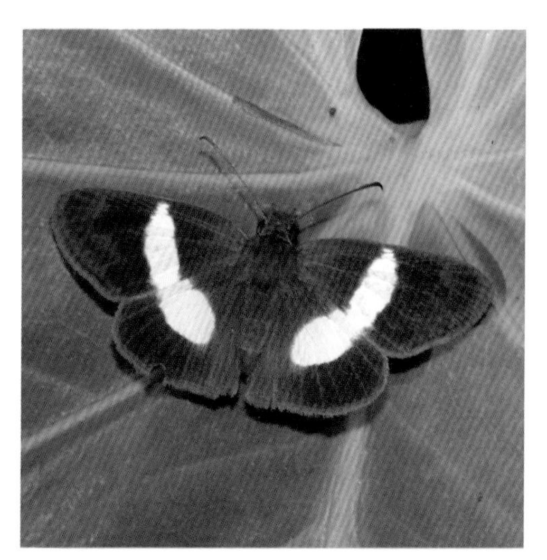

翘河衬弄蝶 ***Potamanaxas tschotky*** 分布于哥伦比亚和厄瓜多尔。生活在云雾林中，其翅面的白色或黄色条纹是河衬弄蝶属10多种蝴蝶的共同特征。

蓑弄蝶 ***Sostrata bifasciata*** 分布于哥斯达黎加至亚马孙河流域。蓑弄蝶属共9种，分布于美国得克萨斯至玻利维亚和巴西东南部。

双色弄蝶 ***Theagenes albiplaga*** 分布于哥伦比亚至秘鲁。尽管翅面具显著的白斑，这种生活在安第斯山区的弄蝶飞行时很难被追踪，因为它总是紧贴地面，呈“Z”形快速飞行。

克罗蓑弄蝶 ***Sostrata cronion*** 分布于阿根廷至巴西东南部。蓑弄蝶属*Sostrata*、牌弄蝶属*Pythonides*和矩弄蝶属*Quadrus*的部分种类在外观上彼此相似。

阿根廷双色弄蝶 ***Theagenes dichrous*** 分布于巴西南部。本种栖息于大西洋沿岸森林的林间空地，喜欢造访泽兰属*Eupatorium*植物的花。

花弄蝶族PYRGINI

花弄蝶族包含大量各式各样的属，它们呈现着不同翅形、斑纹和颜色的迷人组合。花弄蝶属*Pyrgus*广布于除澳大利亚外的各大洲，另外21个属则主要分布于新热带界。

所包含的属：彗弄蝶属*Anisochoria*、铁锈弄蝶属*Antigonus*、苍弄蝶属*Carrhenes*、脊弄蝶属*Celotes*、帜弄蝶属*Clito*、角茎弄蝶属*Cornuphallus*、缔弄蝶属*Diaeus*、楚弄蝶属*Eracon*、白翅弄蝶属*Heliopetes*、赫利弄蝶属*Heliopyrgus*、单弄蝶属*Onenses*、巴夏弄蝶属*Paches*、铅矿弄蝶属*Plumbago*、锦弄蝶属*Pseudodrephalys*、花弄蝶属*Pyrgus*、斯弄蝶属*Spioniades*、凹翅弄蝶属*Systasea*、惕弄蝶属*Timochreon*、智弄蝶属*Trina*、透翅弄蝶属*Xenophanes*、白昭弄蝶属*Zobera*、佐弄蝶属*Zopyrion*。

铁锈弄蝶 ***Antigonus erosus*** 分布于墨西哥至亚马孙河流域上游。本种容易识别，翅面有美丽的灰色粉状斑纹，后翅明显缺刻。

纰彗弄蝶 ***Anisochoria pedaliodina*** 分布于哥斯达黎加至阿根廷。慧弄蝶属共10种，很容易通过其角状的前翅和由下唇须形成的“长鼻子”来识别。

秘鲁铁锈弄蝶 ***Antigonus decens*** 分布于亚马孙河流域上游。这种迷人的小型弄蝶与铁锈弄蝶属的其余8种不同，其后翅无缺刻。

钝齿铁锈弄蝶 ***Antigonus mutilatus*** 分布于哥伦比亚至秘鲁。这种小型蝴蝶常停在潮湿的落叶上，具有很好的伪装效果。

灰苍弄蝶 ***Carrhenes canescens*** 分布于墨西哥至亚马孙河流域。苍弄蝶属共13种，通过前翅上小透明窗斑的形状和位置能很好地区分种类。

缔弄蝶 ***Diaeus lacaena*** 分布于巴拿马至巴西东南部。缔弄蝶属共4种，包括瓦缔弄蝶*D. varna*，产于中美洲，其翅面上的白色斑纹面积更大。

圣苍弄蝶 ***Carrhenes santes*** 分布于秘鲁和玻利维亚。可通过其后翅上的微弱淡紫色光泽来识别这种低海拔蝴蝶。

奥木林白翅弄蝶 ***Heliopetes omrina*** 分布于巴拿马至阿根廷。白翅弄蝶属共14种，翅主要为白色，上有多变的暗色斑纹。通常见于空旷的环境中，包括路边、草甸和灌丛。

巴夏弄蝶 ***Paches loxus*** 分布于墨西哥至玻利维亚。巴夏弄蝶属中仅有剑纹巴夏弄蝶*P. gladiatus*、本种和宝蓝巴夏弄蝶*P. polla*的雄蝶有金属蓝色鳞片。

北方花弄蝶 ***Pyrgus alveus*** 分布于欧洲、北非洲和温带亚洲。花弄蝶属雄蝶的前翅前缘有一个明显的皱褶，香鳞包藏于其内。

锦葵花弄蝶 ***Pyrgus malvae*** 分布于欧洲和温带亚洲。本种紧贴地面呈“Z”形快速飞行。见于受干扰的草地和林间空地。

沙点花弄蝶 ***Pyrgus cinarae*** 分布于巴尔干半岛至土耳其。花弄蝶属共48种，分布于整个新热带界和全北界。

斑星花弄蝶 ***Pyrgus orcus*** 分布于墨西哥至阿根廷。花弄蝶属大部分种类的雌雄两性个体颜色相近，但本种雌雄异型，雌蝶颜色明显深于上图所示的雄蝶。

黄带花弄蝶 ***Pyrgus sidae*** 分布于巴尔干半岛至阿富汗。本种翅腹面有美丽的斑纹，且与同属其他种类明显不同。栖境从亚高山草甸一直到干旱草原。

短缩斯弄蝶 ***Spioniades abbreviate*** 分布于尼加拉瓜至玻利维亚。生活在云雾林中，通常独自活动，见于溪流或瀑布附近。

透翅弄蝶 ***Xenophanes tryxus*** 分布于墨西哥至阿根廷。这种常见弄蝶的栖息地从热带雨林一直到中海拔的牧场和路边草地。

红臀弄蝶族PYRRHOPYGINI

许多人认为红臀弄蝶族与其他弄蝶差异显著，应单独作为一个亚科。然而近期的研究表明，有足够多的共同特征支持其作为花弄蝶亚科下的一个族。该族共36属，多为大型蝶类，色彩艳丽，体型粗壮。翅的颜色和花纹富于变化，但大多数种类腹部末端为红色。

所包含的属： 阿丝弄蝶属*Aspitha*、阿卓弄蝶属*Azonax*、哑铃弄蝶属*Amenis*、橙线弄蝶属*Amysoria*、列斑弄蝶属*Ardaris*、阿丕弄蝶属*Apyrrhothrix*、查鲁弄蝶属*Chalypyge*、深蓝弄蝶属*Creonpyge*、科弄蝶属*Croniades*、蓝绿弄蝶属*Cyanopyge*、环尾弄蝶属*Cyclopyge*、礁弄蝶属*Elbella*、格拉弄蝶属*Granila*、古纳弄蝶属*Gunayan*、约弄蝶属*Jemadia*、约纳弄蝶属*Jonaspyge*、墨色弄蝶属*Melanopyge*、麦塔弄蝶属*Metardaris*、齿纹弄蝶属*Microceris*、米玛弄蝶属*Mimardaris*、伶弄蝶属*Mimoniades*、素斑弄蝶属*Mysarbia*、白心弄蝶属*Myscelus*、尖蓝翅弄蝶属*Mysoria*、环带弄蝶属*Nosphistia*、赭端弄蝶属*Ochropyge*、赤纹弄蝶属*Olafia*、透弄蝶属*Oxynetra*、俞弄蝶属*Passova*、筹弄蝶属*Parelbella*、蓝带弄蝶属*Protelbella*、伪科弄蝶属*Pseudocroniades*、红臀弄蝶属*Pyrrhopyge*、悍弄蝶属*Sarbia*、橙基弄蝶属*Yanguna*、佐尼弄蝶属*Zonia*。

择查鲁弄蝶 *Chalypyge zereda*分布于哥伦比亚至秘鲁。它的近似种橙边查鲁弄蝶*C. chalybea*前翅和后翅外缘均为橙色。

阿泽礁弄蝶 *Elbella azeta* 分布于哥伦比亚至玻利维亚。礁弄蝶属共22种，颜色和花纹变化多端。有的种与约弄蝶属*Jemadia*相似，如本种*E. azeta*和朗多尼亚礁弄蝶*E. rondonia*，其他种则模拟红臀弄蝶属*Pyrrhopyge*和悍弄蝶属*Sarbia*的种类。

叉礁弄蝶 *Elbella intersecta* 分布于安第斯山脉和亚马孙河流域。一些红臀弄蝶属*Pyrrhopyge*的种与之相似，在野外难以辨别。

拟吉约弄蝶 *Jemadia pseudognetus* 分布于墨西哥至秘鲁及巴西西南部。约弄蝶属的15种彼此十分相似，但本种头后颈片有4个白色圆点斑，容易与其他种相区别。

麦塔弄蝶 *Metardaris cosinga* 分布于秘鲁至玻利维亚。在安第斯山脉有时能见到本种在灌木丛中群集，吸食花蜜。

塞拉米玛弄蝶 *Mimardaris sela* 分布于安第斯山脉东部。米玛弄蝶属除钢青米玛弄蝶*M. aerata*为清一色的钢青色外，其余7种在外表上均与该种非常相似。

杂色伶弄蝶 ***Mimoniades versicolor*** 分布于安第斯山脉东部至巴西东南部。这是一种大型、美丽而色彩丰富的弄蝶。它们生活在云雾林中，常见其吸食泽兰属*Eupatorium*植物的花蜜或在潮湿的地面上吸水。

素斑弄蝶 ***Mysarbia sejanus*** 分布于哥斯达黎加至玻利维亚。与其他大型弄蝶不同，这种引人注目的蝴蝶在停息时总是保持翅膀竖立。它们会选择远离其他蝴蝶的地点觅食。

宽带伶弄蝶 ***Mimoniades nurscia*** 分布于安第斯山脉东部。生活在高海拔的雨林中，通常可见其在较浅的溪流附近单独活动。

依白心弄蝶 ***Myscelus epimachia*** 分布于厄瓜多尔至巴拉圭。白心弄蝶属拥有独特的翅形，而且前翅上有小的方形透明斑纹，从而容易与其他属相区别。

帕白心弄蝶 ***Myscelus pardalina*** 分布于安第斯山脉至亚马孙河流域。白心弄蝶属中只有本种和阿丝白心弄蝶*M. assaricus*具有红蓝搭配的色斑模式，令人印象深刻。

白心弄蝶 ***Myscelus phoronis*** 分布于哥伦比亚至玻利维亚。这种华丽的弄蝶栖息于安第斯山脉，有时可见其在水洼边缘吸水。

透弄蝶 ***Oxynetra semihyalina*** 分布于安第斯山脉东侧。这种色泽艳丽的蝴蝶看上去非常像一只危险的大型蜂类，当然它是完全无害的。

蓝带弄蝶 ***Protelbella alburna*** 分布于亚马孙河流域上游。蓝带弄蝶属蝴蝶前翅上的蓝色条带都是垂直排布的，这不同于约弄蝶属*Jemadia*、礁弄蝶属*Elbella*、筹弄蝶属*Parelbella*和蓝条弄蝶属*Phocides*的种类，它们前翅上有一对从臀角发出的楔形带纹。

俞弄蝶 ***Passova passova*** 分布于哥伦比亚至玻利维亚。本种后翅后角红色，容易识别。朱项阿丝弄蝶*Aspitha agenoria*与它相似，但不同的是，其颈片为红色，前者头部为红色。

帕皮红臀弄蝶 ***Pyrrhopyge papius*** 分布于哥伦比亚至秘鲁。红臀弄蝶属共39种，它们都具有红色的头部和腹部末端。大部分种类翅为黑色，外缘具白色或黄色窄边。

红臀弄蝶 ***Pyrrhopyge phidias*** 分布于中美洲、安第斯山脉和亚马孙河流域。是红臀弄蝶属最常见和最广布的种。在特定角度下可以观察到蓝色光泽。

普仁红臀弄蝶 ***Pyrrhopyge proculus*** 分布于亚马孙河流域上游。红臀弄蝶能以极快的速度直线飞行。它们常在潮湿的沙地上吸水。在空旷的河堤可见上百个体群集，场面非常壮观。

黑脉褐红臀弄蝶 ***Pyrrhopyge telassa*** 分布于厄瓜多尔至玻利维亚。一些安第斯山脉地区的红臀弄蝶，包括哈达红臀弄蝶*P. hadassa*、本种和橙缘红臀弄蝶*P. telassina*在内，翅的外缘均为橙色。

达米悍弄蝶 ***Sarbia damippe*** 分布于巴西东南部。这种大型弄蝶和与之相似的赤冠礁弄蝶*Elbella hegesippe*都栖息于巴西东南部的森林草地混交带。

悍弄蝶 ***Sarbia xanthippe*** 分布于巴西东南部。悍弄蝶属共8种，它们的翅上有黄色条带，头部和腹部末端为红色。赤纹弄蝶*Olafia roscius*与其相似，但肩板处无黄色毛簇。

裙弄蝶族TAGIADINI

裙弄蝶族主要分布于东洋界，但斑弄蝶属*Abantis*和唤弄蝶属*Calleagris*是非洲特有的，白领弄蝶属*Netrobalane*和黑褐弄蝶属*Exometoeca*分布于澳大利亚。

所包含的属：斑弄蝶属*Abantis*、白弄蝶属*Abraximorpha*、唤弄蝶属*Calleagris*、彩弄蝶属*Caprona*、姹弄蝶属*Chamunda*、窗弄蝶属*Coladenia*、梳翅弄蝶属*Ctenoptilum*、黑弄蝶属*Daimio*、毛弄蝶属*Darpa*、犬弄蝶属*Eagris*、黑褐弄蝶属*Exometoeca*、捷弄蝶属*Gerosis*、白衣弄蝶属*Leucochitonea*、毛脉弄蝶属*Mooreana*、白领弄蝶属*Netrobalane*、波翅弄蝶属*Netrocoryne*、欧丁弄蝶属*Odina*、角翅弄蝶属*Odontoptilum*、秉弄蝶属*Pintara*、罕弄蝶属*Procampta*、飒弄蝶属*Satarupa*、瑟弄蝶属*Seseria*、裙弄蝶属*Tagiades*、锥弄蝶属*Tapena*。

金彩弄蝶 *Caprona ransonnetti* 分布于印度和缅甸。本种雄蝶胸部腹面有一长簇直立的发香毛。

彩弄蝶 *Caprona agama* 分布于印度至马来西亚和印度尼西亚。彩弄蝶湿季型翅为黑色，上有清晰的白色斑点。

角翅弄蝶 ***Odontoptilum angulata*** 分布于印度至中国、马来西亚和印度尼西亚。角状的后翅和奇特的斑纹是角翅弄蝶属的典型特征。

锦瑟弄蝶 ***Seseria dohertyi*** 分布于尼泊尔至中国东部。东洋界分布有6种瑟弄蝶和9种捷弄蝶，它们外表相似，都有暗棕色的翅，上有白色带纹。

隐斑裙弄蝶 ***Tagiades flesus*** 分布于撒哈拉以南的非洲。这种飞行迅速的蝴蝶会停息在树叶下面，翅完全展开。

沾边裙弄蝶 ***Tagiades litigiosa*** 分布于印度至中国、马来西亚和印度尼西亚。裙弄蝶属共17种，大部分种类后翅上有白色斑块。

（七）梯弄蝶亚科

Trapezitinae

（无族级划分）

梯弄蝶亚科分布仅限于澳大利亚、新几内亚岛和周边的大洋洲岛屿。.

所包含的属： 锯弄蝶属*Anisynta*、安提弄蝶属*Antipodia*、草弄蝶属*Croitana*、星月弄蝶属*Dispar*、甫弄蝶属*Felicena*、白脉弄蝶属*Herimosa*、帆弄蝶属*Hesperilla*、匈弄蝶属*Hewitsoniella*、圆弄蝶属*Mesodina*、猫弄蝶属*Motasingha*、新弄蝶属*Neohesperilla*、金块弄蝶属*Oreisplanus*、琶弄蝶属*Pasma*、珀弄蝶属*Proeidosa*、逐弄蝶属*Rachelia*、盾弄蝶属*Signeta*、陶弄蝶属*Toxidia*、梯弄蝶属*Trapezites*。

梯弄蝶 ***Trapezites symmomus*** 分布于澳大利亚昆士兰州、新南威尔士州、维多利亚州和南澳大利亚州。这种华丽的弄蝶在澳大利亚已被列为濒危物种。

四、灰蝶科

LYCAENIDAE

多数灰蝶翅展小于40mm（1.6in）。许多种的雄蝶具蓝色或铜色金属光泽。雌蝶和雄蝶翅腹面常有清晰的斑点或条纹。许多属蝴蝶的后翅具尾突。复眼黑色，时常环绕着白边。下唇须向上弯曲。足正常，但雄蝶前足常较小。目前本科已知6 000种，可能约200种还有待发现。

（八）噩灰蝶亚科

Aphnaeinae

（无族级划分）

该亚科共16属，其中一部分属的翅腹面有复杂的斑纹，点缀着银色斑点或条纹。翅背面依属的不同而十分多样，例如，轴灰蝶属*Axiocerses*为橘红色，而银线灰蝶属*Spindasis*为土棕色并常带有一些蓝色鳞片。该亚科大部分属蝴蝶喜访花，停息时翅完全闭合或半展开。

所包含的属： 乐灰蝶属*Aloeides*、富妮灰蝶属*Aphnaeus*、银盾灰蝶属*Argyraspodes*、轴灰蝶属*Axiocerses*、黄绿灰蝶属*Chloroselas*、金闪灰蝶属*Chrysoritis*、席灰蝶属*Cigaritis*、科灰蝶属*Crudaria*、艾丽灰蝶属*Erikssonia*、脂灰蝶属*Lipaphnaeus*、相灰蝶属*Phasis*、埔灰蝶属*Pseudaletis*、银线灰蝶属*Spindasis*、曙灰蝶属*Trimenia*、蒂灰蝶属*Tylopaedia*、蜘灰蝶属*Zeritis*。

银线灰蝶 ***Spindasis lohita*** 分布于印度至中国和马来西亚。银线灰蝶属和席灰蝶属*Cigaritis*为同物异名，共包括72种，分布于非洲和热带亚洲。

溪丝银线灰蝶 ***Spindasis schistacea*** 分布于印度和缅甸。本种翅腹面的条纹和触角状的尾突会使鸟类产生错觉，分不清正反，从而将喙瞄准错误的方向，由此蝴蝶得以逃生。

（九）银灰蝶亚科

Curetinae

银灰蝶亚科分布于东洋界。独特的翅形，翅背面为火红色、腹面为白色，红白相间的足和短小的黑色触角，这些使得这类灰蝶特征鲜明，极易辨别。

（无族级划分）

该亚科仅银灰蝶属1个属：银灰蝶属*Curetis*。共18种。

齿银灰蝶 ***Curetis dentate*** 分布于印度至泰国、中国和日本。银灰蝶属所有种的雄蝶翅背面均为火红色，有金属光泽，翅腹面为银白色，上有大小不一的黑色斑点。

银灰蝶 ***Curetis bulis*** 分布于印度至中国、日本和马来半岛。

（一〇）大灰蝶亚科

Liphyrinae

有的分类学家将大灰蝶亚科归入云灰蝶亚科Miletinae。这两个亚科所有种的生活史都已被研究，研究发现其幼虫为肉食性，或以同翅类昆虫的分泌物为食。

大灰蝶族LIPHYRINI

大灰蝶族包含2个来自非洲的属，维灰蝶属*Aslauga*和尤里灰蝶属*Euliphyra*，以及来自东洋界的大灰蝶属*Liphyra*。

所包含的属：维灰蝶属*Aslauga*、尤里灰蝶属*Euliphyra*、大灰蝶属*Liphyra*。

拟蛾大灰蝶 *Liphyra brassolis* 分布于印度至马来西亚、菲律宾、印度尼西亚和澳大利亚。它的幼虫生活在黄猄蚁*Oecophylla smaragdina*的巢穴中，以其幼虫为食。本种在蚁巢中羽化，同时会遭到蚁群的攻击，但其翅膀上的鳞片具有黏性，可将蚂蚁上颚粘住，从而顺利逃脱。

（一一）灰蝶亚科

Lycaeninae

在灰蝶科中，灰蝶亚科与线灰蝶亚科Theclinae最为近缘。共112种，均归属于灰蝶族LYCAENINI。

灰蝶族 LYCAENINI

灰蝶族共3属，其中灰蝶属*Lycaena*分布于全北界，但也有部分是新西兰的特有种，后者目前作为一个亚属*Antipodolycaena*，未来有可能会被提升为独立的属。灰蝶属的大部分种翅背面为金属铜色，常带有蓝色或淡紫色光泽。单种的紫焰灰蝶属*Iophanus*与之相似，它只分布于危地马拉。彩灰蝶属*Heliophorus*分布于东洋界，可通过其黄色的翅腹面来辨别。

所包含的属：彩灰蝶属*Heliophorus*、紫焰灰蝶属*Iophanus*、灰蝶属*Lycaena*。

美男彩灰蝶 ***Heliophorus androcles*** 分布于印度锡金至缅甸和中国西藏。彩灰蝶属共26种，从克什米尔地区一直分布到印度尼西亚。

摩来彩灰蝶 ***Heliophorus moorei*** 分布于克什米尔地区至缅甸。本种雄蝶的翅上有显著的蓝色金属光泽。雌蝶前翅棕色，上有橘黄色小斑块。

布彩灰蝶 ***Heliophorus brahma*** 分布于印度阿萨姆至中国西南部。彩灰蝶属翅背面根据种类和性别不同而有亮绿色、蓝色或铜色的鳞片。

斜斑彩灰蝶 *Heliophorus epicles* 分布于尼泊尔至越南、马来西亚和印度尼西亚。本种雄蝶翅背面有紫色光泽。彩灰蝶属所有种类的翅腹面均为黄色，后翅亚缘有红色带纹。

尖翅貉灰蝶 ***Lycaena alciphron*** 分布于欧洲、北非洲和温带亚洲。灰蝶属共70种，多数种类翅背面具铜色金属光泽，并常带有紫色闪光。雌蝶通常颜色暗淡，斑纹颜色更深。

坎地灰蝶 ***Lycaena candens*** 分布于欧洲东南部。在体型上比它的近似种古灰蝶*L. hippothoe*稍大，后者更加广布，在整个古北界均有分布。

庞呃灰蝶 ***Lycaena pang*** 分布于中国西部。本种翅腹面较为独特。灰蝶属其他多数种类翅腹面均为灰色，有显著的黑色斑点，亚缘有一条橙色带纹。

红灰蝶 ***Lycaena phlaeas*** 分布于北美洲、欧亚大陆的温带地区、阿拉伯半岛、北非和东非。这种蝴蝶体小而活跃，雄蝶会拦截和驱赶包括熊蜂在内的远大于自身的昆虫。

斑貉灰蝶 ***Lycaena virgaureae*** 分布于欧洲和温带亚洲。与其他灰蝶一样，本种也喜食多种野花的花蜜。

（一二）云灰蝶亚科

Miletinae

所有云灰蝶亚科的幼虫均为肉食性，以同翅类昆虫或其分泌物为食。这类蝴蝶的翅腹面常为白色，并带有雅致的黑色条纹。它们拥有细长的腹部、绿色的复眼和细长而直立的下唇须。3对足正常，但雄蝶常像袋鼠一样抬起前足而不用于行走。该亚科共194种。

云灰蝶族MILETINI

云灰蝶族分布于北美洲、非洲和东洋界。

所包含的属：锉灰蝶属*Allotinus*、棉蚜灰蝶属*Feniseca*、毛足灰蝶属*Lachnocnema*、陇灰蝶属*Logania*、隆灰蝶属*Lontalius*、媚灰蝶属*Megalopalpus*、云灰蝶属*Miletus*、熙灰蝶属*Spalgis*、蚜灰蝶属*Taraka*、秀灰蝶属*Thestor*。

莱昂锉灰蝶 ***Allotinus leogoron*** 分布于泰国、马来西亚和印度尼西亚。翅上斑驳的斑纹是锉灰蝶属的典型特征。锉灰蝶属共有39种。

熙灰蝶 ***Spalgis epius*** 分布于印度至马来西亚、中国、菲律宾和印度尼西亚。这种蝴蝶翅上斑纹杂乱，其幼虫像一片白色地衣，蛹的外形和斑纹使其看起来像猿猴的脸。

黑端媚灰蝶 ***Megalopalpus zymna*** 分布于利比里亚至赞比亚。成蝶取食叶蝉和角蝉分泌的蜜露。幼虫则取食它们的若虫，并且与大头蚁属*Phediole*和弓背蚁属*Camponotus*的蚁类互利共生。

（一三）眼灰蝶亚科

Polyommatinae

眼灰蝶亚科已知1 491种，分布在除南极洲外的所有大陆。大部分种类的雄蝶翅背面完全或部分被有金属蓝色的鳞片，也有一些种类为白色、橙色或淡棕色。雌蝶通常颜色更深，金属色泽的鳞片减少或消失。触角具黑白相间的条带，复眼周围白色。雄蝶和雌蝶的3对足均正常。

犁灰蝶族LYCAENESTHINI

犁灰蝶族主要分布于非洲，同时也有许多种分布于热带亚洲。该族共149种，它们的后翅上都有3对短丝状尾突，由于尾突常被折断，该特征并不太显著。

所包含的属：尖角灰蝶属*Anthene*、丘灰蝶属*Cupidesthes*。

毛纹尖角灰蝶 ***Anthene lachares*** 分布于塞拉利昂至乌干达。尖角灰蝶属共130种，多数分布于非洲，另有8种分布于东洋界，还有1种是澳大利亚特有种。

指名尖角灰蝶 ***Anthene larydas*** 分布于冈比亚至肯尼亚西部。是非洲数量最多的尖角灰蝶之一，常见其在林间路旁的水坑附近大量群集。

老尖角灰蝶 ***Anthene liodes*** 分布于塞内加尔至赞比亚。本种和同属的其他很多种雄蝶翅背面具深靛蓝色光泽。

点尖角灰蝶 ***Anthene lycaenina*** 分布于印度至马来西亚、菲律宾和印度尼西亚。通常独自活动，混迹于其他灰蝶组成的趋泥集群之中。

黑灰蝶族NIPHANDINI

黑灰蝶族的翅顶角比同亚科的其他族更尖。该族仅知6种，分布于印度的小黑灰蝶*Niphanda cymbia*是最常见的种类。雄蝶翅背面棕色，带有紫色光泽。雌蝶色更浅，并具大量褐色斑点，翅基具蓝色鳞片。

所包含的属：黑灰蝶属*Niphanda*。

眼灰蝶族POLYOMMATINI

眼灰蝶族大部分属的雌雄个体翅腹面均具显著的黑色斑点。雄蝶翅背面通常具金属蓝色的鳞片，这种鲜艳色泽在雌蝶中减少或消失。翅展一般小于30mm（1.2in）。大多数种类栖息于草地，也有不少种类见于林间的开阔地带。

所包含的属：籽灰蝶属*Actizera*、钮灰蝶属*Acytolepis*、灿灰蝶属*Agriades*、婀灰蝶属*Albulina*、爱灰蝶属*Aricia*、装饰灰蝶属*Athysanota*、素灰蝶属*Azanus*、驳灰蝶属*Bothrinia*、褐小灰蝶属*Brephidium*、丁字灰蝶属*Cacyreus*、靛灰蝶属*Caerulea*、拓灰蝶属*Caleta*、玫灰蝶属*Callenya*、凯丽灰蝶属*Callictita*、坎灰蝶属*Candalides*、豹灰蝶属*Castalius*、咖灰蝶属*Catochrysops*、方标灰蝶属*Catopryops*、旋灰蝶属*Cebrella*、琉璃灰蝶属*Celastrina*、韫玉灰蝶属*Celatoxia*、紫灰蝶属*Chilades*、枯灰蝶属*Cupido*、富灰蝶属*Cupidopsis*、酷灰蝶属*Cyaniris*、凯灰蝶属*Cyclargus*、矢灰蝶属*Cyclyrius*、唐灰蝶属*Danis*、檠灰蝶属*Discolampa*、依灰蝶属*Echinargus*、烟灰蝶属*Eicochrysops*、仪灰蝶属*Eldoradina*、艾尔灰蝶属*Elkalyce*、伊丕灰蝶属*Epimastidia*、逸灰蝶属*Erysichton*、棕灰蝶属*Euchrysops*、优灰蝶属*Euphilotes*、蓝灰蝶属*Everes*、珐灰蝶属*Famegana*、福来灰蝶属*Freyeria*、甜灰蝶属*Glaucopsyche*、泉灰蝶属*Harpendyreus*、褐灰蝶属*Hemiargus*、伊卡灰蝶属*Icaricia*、岳灰蝶属*Iolana*、伊灰蝶属*Ionolyce*、霭灰蝶属*Itylos*、雅灰蝶属*Jamides*、亮灰蝶属*Lampides*、鳞灰蝶属*Lepidochrysops*、细灰蝶属*Leptotes*、赖灰蝶属*Lestranicus*、珠灰蝶属*Lycaeides*、利灰蝶属*Lycaenopsis*、白灰蝶属*Maculinea*、妈灰蝶属*Madeleinea*、美姬灰蝶属*Megisba*、渺灰蝶属*Micropsyche*、穆灰蝶属*Monodontides*、钠灰蝶属*Nabokovia*、娜灰蝶属*Nacaduba*、新光灰蝶属*Neolucia*、一点灰蝶属*Neopithecops*、蔫灰蝶属*Nesolycaena*、诺塔灰蝶属*Notarthrinus*、苏佛唐灰蝶属*Nothodanis*、奥泊灰蝶属*Oboronia*、奥拉灰蝶属*Orachrysops*、奥莱灰蝶属*Oraidium*、鸥灰蝶属*Oreolyce*、锯灰蝶属*Orthomiella*、奥特灰蝶属*Otnjukovia*、糁灰蝶属*Palaeophilotes*、琶灰蝶属*Paraduba*、侧珠灰蝶属*Paralycaeides*、粉白灰蝶属*Parelodina*、佩灰蝶属*Petrelaea*、白灰蝶属*Phengaris*、橙点灰蝶属*Philotes*、菲罗灰蝶属*Philotiella*、白裙灰蝶属*Phlyaria*、普洛灰蝶属*Plautella*、黑辟灰蝶属*Pistoria*、丸灰蝶属*Pithecops*、豆灰蝶属*Plebejus*、菠莱灰蝶属*Plebulina*、眼灰蝶属*Polyommatus*、花普灰蝶属*Praephilotes*、波灰蝶属*Prosotas*、伪亮灰蝶属*Pseudochrysops*、莹灰蝶属*Pseudolucia*、伪娜灰蝶属*Pseudonacaduba*、塞灰蝶属*Pseudophilotes*、酢浆灰蝶属*Pseudozizeeria*、普陀灰蝶属

Ptox、匹灰蝶属*Pyschonotis*、瑞尼灰蝶属*Rhinelephas*、郁灰蝶属*Rysops*、沙灰蝶属*Sahulana*、神灰蝶属*Sancterila*、珞灰蝶属*Scolitantides*、山灰蝶属*Shijimia*、西迪灰蝶属*Sidima*、僖灰蝶属*Sinia*、华枯灰蝶属*Sinocupido*、扫灰蝶属*Subsolanoides*、塔丽灰蝶属*Talicada*、塔特灰蝶属*Tartesa*、藤灰蝶属*Tarucus*、奇灰蝶属*Thaumaina*、小灰蝶属*Theclinesthes*、温灰蝶属*Thermoniphas*、玄灰蝶属*Tongeia*、图兰灰蝶属*Turanana*、图灰蝶属*Tuxentius*、妩灰蝶属*Udara*、纯灰蝶属*Una*、灯灰蝶属*Upolampes*、天蓝灰蝶属*Uranobothria*、天奇灰蝶属*Uranothauma*、赞灰蝶属*Zintha*、吉灰蝶属*Zizeeria*、毛眼灰蝶属*Zizinia*、长腹灰蝶属*Zizula*。

埃爱灰蝶 *Aricia eumedon* 分布于欧洲和温带亚洲。本种在不同时期曾被归入豆灰蝶属*Plebejus*和埃灰蝶属*Eumedonia*。和爱灰蝶属其他大多数成员一样，无论雌雄个体都没有蓝色鳞片。

捷素灰蝶 *Azanus jesous* 分布于非洲、叙利亚至印度和缅甸。这是一个小型的、常见的种类，栖息于干燥的林缘草地。

曲纹拓灰蝶 *Caleta roxus* 分布于印度东北部至马来西亚和印度尼西亚。拓灰蝶属的9种都分布于东洋界的森林中。

豹灰蝶 *Castalius rosimon* 分布于印度至马来西亚、巴拉望岛和印度尼西亚。这是一个十分常见和广布的种，栖息于开阔的森林和灌木丛生的草地。

咖灰蝶 ***Catochrysops strabo*** 分布于印度至马来西亚、印度尼西亚和新几内亚岛。咖灰蝶属共7种，都栖息于森林边缘开阔的花丛中。

琉璃灰蝶 ***Celastrina argiolus*** 分布于北非、欧亚大陆的温带地区、马来西亚和印度尼西亚。本种分布范围极广，幼虫喜食多种植物的浆果。

指名韫玉灰蝶 ***Celatoxia albidisca*** 分布于印度。本种前翅上的白色条纹可将它与同属的，以及琉璃灰蝶属*Celastrina*和钮灰蝶属*Acytolepis*中的相似种区分开来。

紫灰蝶 ***Chilades lajus*** 分布于印度至马来西亚、印度尼西亚和菲律宾。紫灰蝶属共22种，包括之前归属于福来灰蝶属*Freyeria*的种。

红紫灰蝶 ***Chilades parhassius*** 分布于印度至马来西亚和菲律宾。雄蝶翅背面蓝色，边缘具一条暗色细纹。雌蝶翅土棕色，上有淡蓝色鳞片，可以散射光线。

普紫灰蝶 ***Chilades putli*** 分布于印度至印度尼西亚和澳大利亚。该种体型微小，翅展仅12mm，但世界上最小的蝴蝶并不是它，而是其近源种——产于马达加斯加的迷紫灰蝶*C. miniscula*，其翅展仅9mm。

蓝灰蝶 ***Cupido argiades*** 分布于欧洲和温带亚洲。枯灰蝶属广泛分布于世界各地，共21个种，其中包括曾归属于蓝灰蝶属*Everes*的短尾突种类。

长尾枯灰蝶 ***Cupido lacturnus*** 分布于印度至日本、马来西亚、印度尼西亚、新几内亚岛和澳大利亚。这种小型蝴蝶生活在草地，其翅背面为淡蓝色并具黑色边缘。

枯灰蝶 ***Cupido minimus*** 分布于欧洲和温带亚洲。天气炎热时，经常见到雄蝶群集于粪便或泥潭周围，吸食其中溶解的矿物质。

喜窟灰蝶 ***Cupidopsis cissus*** 分布于撒哈拉以南的非洲。窟灰蝶属的另外一个种——窟灰蝶*C. iobates*具短小的尾突，翅上的红色斑纹稍大。

安褐灰蝶 ***Hemiargus hanno*** 分布于安第斯山脉和亚马孙河流域。褐灰蝶属包括6个外表相似的种，分布于美国得克萨斯到智利北部。

酷灰蝶 ***Cyaniris semiargus*** 分布于欧洲和温带亚洲。这种蝴蝶经常在山区花丛的潮湿地面附近成群出现。

雅灰蝶 ***Jamides bochus*** 分布于印度至日本、马来西亚和印度尼西亚。本种雄蝶翅背面为深金属蓝色。雅灰蝶属共67种。

碧雅灰蝶 ***Jamides elpis*** 分布于印度阿萨姆至马来西亚、菲律宾和印度尼西亚。雄蝶翅背面有淡蓝色光泽。

净雅灰蝶 ***Jamides pura*** 分布于印度至马来西亚、巴拉望岛和印度尼西亚。本种翅背面为银灰色，但飞行时观察到为白色。上图所示为该种的干季型。

亮灰蝶 ***Lampides boeticus*** 分布于欧洲、非洲、印度至印度尼西亚和澳大利亚。本种分布范围广，常大规模迁飞，幼虫喜食各种豆科植物。

奎鳞灰蝶 ***Lepidochrysops quassi*** 分布于加纳。鳞灰蝶属共138种，都来自非洲界。

巴斯细灰蝶 ***Leptotes bathyllos*** 分布于秘鲁。细灰蝶属共包括12个新热带种、13个非洲种和1个东洋种。

北美红珠灰蝶 ***Lycaeides idas*** 分布于北美洲和欧亚大陆温带地区。本种只能通过前足胫节与豆灰蝶*Plebejus argus*区分，后者具距。红珠灰蝶属共23种。

金河娜灰蝶 ***Nacaduba pactolus*** 分布于印度至中国、马来西亚和印度尼西亚。常见一小群排成一行在路边或河岸活动。娜灰蝶属共48种，分布于印度到澳大利亚。

一点灰蝶 ***Neopithecops zalmora*** 分布于印度至马来西亚和印度尼西亚。通常可见这种美丽的小型蝴蝶在雨林溪流和路边水洼边缘吸水。

古奥泊灰蝶 ***Oboronia guessfeldti*** 分布于塞内加尔至赞比亚。奥泊灰蝶属包括7个种，全都来自非洲。它们体小而精美，体色为姜白色。

多斑奥泊灰蝶 ***Oboronia punctatus*** 分布于几内亚至安哥拉和乌干达。雄蝶常取食鸟粪，雌蝶则喜食花蜜。

霾灰蝶 ***Phengaris arion*** 分布于欧洲和温带亚洲一直到西西伯利亚。在其发育阶段后期，幼虫生活在红蚁属*Myrmica*的巢穴内，以其幼虫为食。

白裙灰蝶 ***Phlyaria cyara*** 分布于塞内加尔至埃塞俄比亚，向南可及坦桑尼亚。本种常混迹于其他有趋泥行为的灰蝶集群中。

豆灰蝶 ***Plebejus argus*** 分布于欧洲和温带亚洲。是一种常见的蝴蝶，它们会在灌丛草地、荒原和山坡上形成很大的种群。

阿点灰蝶 ***Polyommatus amandus*** 分布于欧洲、北非和温带亚洲。自从点灰蝶属*Agrodiaetus*、*Lysandra*和*Plebicula* 3个属归入眼灰蝶属后，该属数量上已扩充至超过220种。

白缘眼灰蝶 ***Polyommatus bellargus*** 分布于欧洲。眼灰蝶属雄蝶翅背面通常密被渐变的闪亮蓝色鳞片。雌蝶与爱灰蝶属*Aricia*相似，翅棕色，亚缘处有橙色新月形斑纹。

普蓝眼灰蝶 *Polyommatus icarus* 分布于欧洲、北非洲和温带亚洲一直到日本。雄蝶为紫罗兰蓝色。雌蝶翅深棕色，亚缘有橙色新月形斑纹，也常有由白色和蓝色鳞片组成的斑块。

苔眼灰蝶 *Polyommatus thersites* 分布于欧洲至中亚。属名意为“许多斑点”（many spotted），特指其翅腹面的斑纹。

酢浆灰蝶 ***Pseudozizeeria maha*** 分布于伊朗一直到日本。本种分布广，数量大，常见于南亚的草地生境中。

塔丽灰蝶 ***Talicada nyseus*** 分布于印度至缅甸、泰国和越南。翅背面乌黑色，后翅外缘具宽阔的橙色带纹。

凯丽藤灰蝶 ***Tarucus callinara*** 分布于印度、斯里兰卡、缅甸和泰国。这种常见的蝴蝶生活在干燥的林缘草地栖境。乍看可能会将它与豹灰蝶*Castalius rosimon*混淆，但两者翅的斑点式样不同。

娜拉藤灰蝶 ***Tarucus nara*** 分布于北非、阿拉伯半岛、巴尔干半岛到印度。本种是藤灰蝶属22种中最常见和最广布的种。常见于荆棘灌木、干旱草地和半荒漠栖境中。

福天奇灰蝶 ***Uranothauma falkensteini*** 分布于科特迪瓦至埃塞俄比亚，向南可及肯尼亚。这种常见的蝴蝶常与白裙灰蝶属*Phylaria*、素灰蝶属*Azanus*和尖角灰蝶属*Anthene*的种类在泥潭附近群集。

吉灰蝶 ***Zizeeria karsandra*** 分布于北非、阿拉伯半岛、印度至马来西亚、菲律宾、印度尼西亚、新几内亚岛和澳大利亚。在草地栖境中四处可见。

毛眼灰蝶 ***Zizinia otis*** 分布于印度至日本、菲律宾、马来西亚西部、印度尼西亚和新几内亚岛。在开阔草地上数量丰富，常长时间贴近地面飞行，只有吸食花蜜时会短暂停息。

西纳长腹灰蝶 ***Zizula cyna*** 分布于美国至巴西南部。与之相似的长腹灰蝶*Z. hylax*分布于非洲、印度和亚洲热带地区到印度尼西亚和澳大利亚。两者均常见于各种草地栖境中，包括林缘草地。

（一四）圆灰蝶亚科

Poritiinae

圆灰蝶亚科共732种，被分为2族：来自东洋界的圆灰蝶族PORITIINI和来自非洲的琳灰蝶族LIPTENINI。幼虫以藻类和地衣为食。

琳灰蝶族LIPTENINI

琳灰蝶族共675种，全都来自非洲界。它们体形差异大，翅展范围为18~65mm，外形、颜色和斑纹十分多样。成蝶几乎是专食植物卷须或茎上花外蜜腺中的花蜜的。

所包含的属：裳灰蝶属*Aethiopana*、翼灰蝶属*Alaena*、银赭灰蝶属*Argyrocheila*、巴灰蝶属*Baliochila*、巴特灰蝶属*Batelusia*、赛灰蝶属*Cephetola*、塞兰灰蝶属*Cerautola*、粉灰蝶属*Citrinophila*、康灰蝶属*Cnodontes*、康登灰蝶属*Congdonia*、库灰蝶属*Cooksonia*、黛灰蝶属*Deloneura*、杜斑灰蝶属*Durbania*、杜尼灰蝶属*Durbaniella*、杜娜灰蝶属*Durbaniopsis*、蛱灰蝶属*Epitola*、皑灰蝶属*Epitolina*、厄灰蝶属*Eresina*、拟厄灰蝶*Eresinopsides*、橙斑灰蝶属*Eresiomera*、游灰蝶属*Euthecta*、福灰蝶属*Falcuna*、杰瑞灰蝶属*Geritola*、海灰蝶属*Hewitsonia*、赫灰蝶属*Hypophytala*、吟灰蝶属*Iridana*、卡库灰蝶属*Kakumia*、腊灰蝶属*Larinopoda*、琳灰蝶属*Liptena*、隶灰蝶属*Liptenara*、晓灰蝶属*Micropentila*、拟珍灰蝶属*Mimacraea*、靡灰蝶属*Mimeresia*、南灰蝶属*Neaveia*、新蛱灰蝶属*Neoepitola*、奥本灰蝶属*Obania*、耳灰蝶属*Ornipholidotos*、盆灰蝶属*Pentila*、富塔灰蝶属*Phytala*、叵灰蝶属*Powellana*、仆灰蝶属*Pseuderesia*、拟南灰蝶属*Pseudoneaveia*、普灰蝶属*Ptelina*、斯蒂灰蝶属*Stempfferia*、袖灰蝶属*Telipna*、太灰蝶属*Teratoneura*、畸灰蝶属*Teriomima*、泰灰蝶属*Tetrarhanis*、托本灰蝶属*Torbenia*、佗灰蝶属*Toxochitona*、涂灰蝶属*Tumerepedes*。

白衬裳灰蝶 *Aethiopana honorius* 分布于塞内加尔至乌干达。这种大型蝴蝶翅腹面的斑纹让人想起某些珍蝶属*Acraea*的种类，但其翅背面为亮金属蓝色。它通常在离地数米的细藤上停息。

皑灰蝶 *Epitolina dispar* 分布于塞拉利昂至乌干达。皑灰蝶属共5种，常停息于贴近地面的植物卷须或细枝上。

双色橙斑灰蝶 ***Eresiomera bicolor*** 分布于科特迪瓦至尼日利亚。这种引人注目的小蝴蝶常在细藤上吸食花蜜。当有蚂蚁来到时，它们会转向茎的背面，同时缓慢扇动翅膀。

优腊灰蝶 ***Larinopoda eurema*** 分布于几内亚至尼日利亚。在夜间它们停息在光秃的枝条上。如遇蚂蚁侵扰，它们会反复拍打翅膀，并朝茎的背面移动以躲避骚扰。

海琳灰蝶 ***Liptena helena*** 分布于塞拉利昂至加纳。琳灰蝶属共70种，栖息于植物细枝或卷须上。有些种会选择树上较高的位置，而其他种（如该种）则更偏爱贴近地面的地方。

靡灰蝶 ***Mimeresia libentina*** 分布于塞拉利昂至加蓬。靡灰蝶属共13种，多数种类翅黑色并有红色或橙色斑块。

皮琳灰蝶 ***Liptena pearmani*** 分布于加纳至尼日利亚。琳灰蝶属蝴蝶幼虫以生在树干上的藻类或小型真菌为食。

保罗盆灰蝶 ***Pentila pauli*** 分布于撒哈拉以南的非洲。盆灰蝶属很多种类根据种的不同，翅的颜色从白色到橙色，上有黑色圆点。

仆灰蝶 ***Pseuderesia eleaza*** 分布于塞拉利昂至乌干达。仆灰蝶属共26种，大部分种的翅腹面为灰色，上有小的红色和黑色圆点。

袖灰蝶 ***Telipna acraea*** 分布于塞拉利昂至刚果（金）。分类学家喜欢改变字母顺序来组成新的名字，从而产生了如下几个易混淆的属名：*Liptena*，*Pentila*，*Ptelina*和*Telipna*。袖灰蝶属包括32个模拟珍蝶的种类，均为非洲特有种。

圆灰蝶族PORITIINI

圆灰蝶族共57种，分布于东洋界。

所包含的属： 菁灰蝶属*Cyaniriodes*、德灰蝶属*Deramas*、孔灰蝶属*Poiriskina*、圆灰蝶属*Poritia*、犀灰蝶属*Simiskina*。

圆灰蝶 ***Poritia hewitsoni*** 分布于缅甸至中国。圆灰蝶属共17种，它们翅背面黑色，上有大片亮金属蓝或金属绿色斑块。

（一五）线灰蝶亚科

Theclinae

这类灰蝶通常被称为"hairstreaks"，全球共2 534种，分布于除南极洲外的所有大陆，栖境从高山草甸到热带草原、荆棘灌丛、沼泽地、沙漠和各种类型的森林。翅展为30~50mm（1.2~2in）。有些种无尾突，有些有简单的短丝状尾突，其余种有多个尾突，长度可达20mm（0.8in）。有时尾突形似触角，加上臀角的眼斑，会使鸟类产生错觉，分不清正反，从而将喙瞄准错误的方向，使其可以迅速安全逃离。

娆灰蝶族ARHOPALINI

娆灰蝶族共253种，全部分布于东洋界。大部分种翅背面为金属蓝色，翅腹面具保护色，尾突呈短丝状。

所包含的属：雅朴灰蝶属*Apporasa*、娆灰蝶属*Arhopala*、花灰蝶属*Flos*、玛灰蝶属*Mahathala*、模特灰蝶属*Mota*、澳灰蝶属*Ogyris*、酥灰蝶属*Surendra*、塔灰蝶属*Thaduka*、陶灰蝶属*Zinaspa*。

森娆灰蝶 *Arhopala centaurus* 分布于印度、马来西亚和印度尼西亚。娆灰蝶属共210种，分布范围从阿富汗到日本，向南穿过马来西亚和印度尼西亚一直到澳大利亚。

娥娆灰蝶 ***Arhopala eumolphus*** 分布于缅甸至马来西亚和印度尼西亚。娆灰蝶属大多数种翅背面为金属蓝色或紫色。本种雄蝶为金属绿色，雌蝶则为紫罗兰色。

指名酥灰蝶 ***Surendra quercetorum*** 分布于印度至越南。本种翅背面深棕色并带有紫色（雄蝶）或淡棕色（雌蝶）。

塔灰蝶 ***Thaduka multicaudata*** 分布于印度至老挝。这种稀有的高山林地蝴蝶翅背面为金属天蓝色，并具黑色宽边。

三尾灰蝶族CATAPAECILMATINI

三尾灰蝶族的种类拥有金属蓝色的翅背面，翅腹面有银色斑点或条纹，后翅有3条短丝状尾突。该族仅分布于东洋界，其中三尾灰蝶*Catapaecilma major*是最常见的种，分布于印度至泰国、马来西亚和印度尼西亚。

所包含的属：刺灰蝶属*Acupicta*、三尾灰蝶属*Catapaecilma*。

车灰蝶族CHERITRINI

车灰蝶族共20种，全部分布于东洋界，并且都具有尾突。剑灰蝶属*Cheritra*、截灰蝶属*Cheritrella*、奈灰蝶属*Neocheritra*、三滴灰蝶属*Ticherra*的种类尾突格外引人注目。多数种的雄蝶翅上有金属蓝色鳞片形成的斑块，但也有部分种整个翅上有深紫色光泽。

所包含的属：艾哈灰蝶属*Ahmetia*、剑灰蝶属*Cheritra*、截灰蝶属*Cheritrella*、杜灰蝶属*Drupadia*、奈灰蝶属*Neocheritra*、索灰蝶属*Suasa*、三滴灰蝶属*Ticherra*。

剑灰蝶 ***Cheritra freja*** 分布于印度至越南、菲律宾、马来西亚和印度尼西亚。产自印度南部的个体翅腹面为纯白色。

黄褐杜灰蝶 ***Drupadia ravindra*** 分布于缅甸至越南、马来西亚、苏门答腊岛、婆罗洲、爪哇岛和巴拉望岛。杜灰蝶属共12种。

三滴灰蝶 ***Ticherra acte*** 分布于印度锡金至马来西亚。本种的雌雄个体均为棕色，但雄蝶棕色的底色中透出微弱的蓝色光泽。

玳灰蝶族DEUDORIGINI

玳灰蝶族共233种，旧大陆分布，从西非到日本，向南可及澳大利亚。

所包含的属： 热带灰蝶属*Araotes*、绿灰蝶属*Artipe*、金尾灰蝶属*Bindahara*、锯缘灰蝶属*Capys*、玳灰蝶属*Deudorix*、海波灰蝶属*Hypomyrina*、帕莱灰蝶属*Pamela*、副玳灰蝶属*Paradeudorix*、皮洛灰蝶属*Pilodeudorix*、秦灰蝶属*Qinorapala*、燕灰蝶属*Rapala*、生灰蝶属*Sinthusa*、喜东灰蝶属*Sithon*、维拉灰蝶属*Virachola*。

红燕灰蝶 *Rapala airbus* 分布于印度至马来西亚和印度尼西亚。本种栖息于林地边缘，飞行时可见其亮橘红色的翅背面。

美灰蝶族EUMAEINI

美灰蝶族物种繁多，已描述的超过1 300种，已知1 120种分布于新热带界，而且几乎每周都会有新种被发现。大多数种翅为荧光蓝色，但腹面的颜色和斑纹极其多样。

所包含的属： 雅洛灰蝶属*Allosmaitia*、艾拉灰蝶属*Airamanna*、艾普灰蝶属*Apuecla*、崖灰蝶属*Arawacus*、虹灰蝶属*Arcas*、阿茹灰蝶属*Arumecla*、阿塞灰蝶属*Arzecla*、宝绿灰蝶属*Atlides*、奥拜灰蝶属*Aubergina*、巴德灰蝶属*Badecla*、巴林灰蝶属*Balintus*、毕灰蝶属*Bistonia*、布朗灰蝶属*Brangas*、布雷灰蝶属*Brevianta*、巴士灰蝶属*Busbiina*、卡灰蝶属*Callophrys*、俏灰蝶属*Calycopis*、卡密灰蝶属*Camissecla*、查灰蝶属*Chalybs*、细纹灰蝶属*Chlorostrymon*、脊灰蝶属*Cicya*、昆塔灰蝶属*Contrafacia*、杯灰蝶属*Cupathecla*、穹灰蝶属*Cyanophrys*、双斑灰蝶属*Dabreras*、代尔灰蝶属*Delmia*、电灰蝶属*Electrostrymon*、伊诺灰蝶属*Enos*、艾灰蝶属*Erora*、美灰蝶属*Eumaeus*、丽灰蝶属*Evenus*、异或灰蝶属*Exorbaetta*、贾灰蝶属*Gargina*、慧灰蝶属*Hypostrymon*、伊安灰蝶属*Ianusanta*、雅斯灰蝶属*Iaspis*、伊格灰蝶属*Ignata*、伊普灰蝶属*Ipidecla*、绽灰蝶属*Janthecla*、约翰灰蝶属*Johnsonita*、铅灰蝶属*Kisutam*、科拉灰蝶属*Kolana*、拉马斯灰蝶属*Lamasina*、灯栏灰蝶属*Lamprospilus*、白带灰蝶属*Laothus*、莱斯灰蝶属*Lathecla*、血斑灰蝶属*Magnastigma*、马拉灰蝶属*Marachina*、大线灰蝶属*Megathecla*、米莰灰蝶属*Micandra*、米奇灰蝶属*Michaelus*、迷灰蝶属*Ministrymon*、线绕灰蝶属*Mithras*、尼梭灰蝶属*Nesiostrymon*、尼珂灰蝶属*Nicolaea*、遨灰蝶属*Ocaria*、酒灰蝶属*Oenomaus*、奥伦灰蝶属*Olynthus*、半蓝灰蝶属*Ostrinotes*、帕瓦灰蝶属*Paiwarria*、潘灰蝶属*Panthiades*、葩灰蝶属*Parrhasius*、佩纳灰蝶属*Penaincisalia*、暗灰蝶属*Phaeostrymon*、蓝闪灰蝶属*Phothecla*、波达灰蝶属*Podanotum*、点线灰蝶属*Porthecla*、伪灰蝶属*Pseudolycaena*、余灰蝶属*Rekoa*、方角灰蝶属*Rhamma*、齿纹灰蝶属*Rubroserrata*、萨拉灰蝶属*Salazaria*、洒灰蝶属*Satyrium*、塞莫灰蝶属*Semonina*、溪灰蝶属*Siderus*、斯特灰蝶属*Strephonota*、螯灰蝶属*Strymon*、合灰蝶属*Symbiopsis*、蒂脉灰蝶属*Temecla*、泰瑞灰蝶属*Terenthina*、狸纹灰蝶属*Thaeides*、鞘灰蝶属*Theclopsis*、枣灰蝶属*Theorema*、塞丕灰蝶属*Thepytus*、圣灰蝶属*Thereus*、野灰蝶属*Theritas*、环灰蝶属*Thestius*、蒂迈灰蝶属*Timaeta*、驼灰蝶属*Tmolus*、特里灰蝶属*Trichonis*、齐灰蝶属*Ziegleria*。

赛崖灰蝶 ***Arawacus separate*** 分布于哥伦比亚至玻利维亚和巴西。崖灰蝶属大部分种翅腹面均具独特的暗色条纹。

多崖灰蝶 ***Arawacus dolylas*** 分布于巴拿马至巴西东南部。是崖灰蝶属17种中最常见和最广布的种。

白崖灰蝶 ***Arawacus leucogyna*** 分布于伯利兹至秘鲁。本种翅腹面具极窄的条纹，翅背面蓝色或蓝白色，具宽阔的棕色边缘。

密崖灰蝶 ***Arawacus meliboeus*** 分布于巴西东南部。翅上的条纹会使鸟类产生错觉，分不清正反，从而攻击蝴蝶的尾部而不是头部。

帝王虹灰蝶 ***Arcas imperialis*** 分布于墨西哥至亚马孙河流域和巴西东南部。虹灰蝶属的种在停息时会一侧朝上呈平躺姿态，或以头部支撑站立，长尾突在风中飘动。

阿茹灰蝶 ***Arumecla aruma*** 分布于亚马孙河流域。本种翅腹面外缘具红色线纹，这一特征在许多相似属中都存在，因此需要有足够经验才能准确辨别。

巴德灰蝶 ***Badecla badaca*** 分布于哥伦比亚至秘鲁和巴西。巴德灰蝶属*Badecla*共5种，背面呈土棕色，无金属光泽的鳞片。

卡灰蝶 ***Callophrys rubi*** 分布于欧洲和温带亚洲。这种美丽的小型蝴蝶常见于开阔的林地、荒原、沼泽和灌丛草地。

棒纹俏灰蝶 ***Calycopis bactra*** 分布于尼加拉瓜至哥伦比亚。本种会将卵产在林间地面的落叶层中，幼虫以腐烂的树叶、地衣、藻类或叶片上的霉菌为食。

蓝裙俏灰蝶 ***Calycopis atnius*** 分布于巴拿马至玻利维亚。俏灰蝶属已描述约70种，可能有30种还待发现。多个种彼此十分相似，需在显微镜下观察才能准确鉴定。

长穹灰蝶 ***Cyanophrys longula*** 分布于墨西哥至委内瑞拉。穹灰蝶属共17种，当阳光从不同角度照射翅面时，会产生从蓝绿色到绿色的渐变光泽。

丽灰蝶 ***Evenus satyroides*** 分布于哥伦比亚至巴西南部。丽灰蝶属共13种，是新热带灰蝶中数量最大、最壮观的一类。部分种翅腹面为亮绿色，有红色带纹。翅背面带虹彩，由于种的不同，为蓝色或蓝绿色。

凯拉艾灰蝶 ***Erora carla*** 分布于墨西哥至秘鲁。艾灰蝶属包括33种小型蝴蝶，它们的翅腹面均为金属绿色，翅上的线纹和红色斑点根据种的不同而异。雄蝶翅背面为金属蓝色。

闹贾灰蝶 ***Gargina gnosia*** 分布于墨西哥至巴拉圭。贾灰蝶属共9种，大部分种后翅背面和前翅基部具蓝色光泽。

塔拉雅斯灰蝶 ***Iaspis talayra*** 分布于巴西东南部。雅斯灰蝶属共11种，分布从巴拿马至巴拉圭。

黑缘白带灰蝶 ***Laothus phydela*** 分布于巴西东南部。本种雄蝶翅背面为深蓝色，有光泽。白带灰蝶属还包括另外7种，翅上具宽度不一的条纹。

米荻灰蝶 ***Micandra platyptera*** 分布于哥斯达黎加至玻利维亚。米荻灰蝶属共10种，雄蝶无尾突，翅上具耀眼的蓝色光泽。

弗米奇灰蝶 ***Michaelus phoenissa*** 分布于墨西哥至秘鲁。本种体小型，翅背面为金属蓝绿色。米奇灰蝶属共6种。

迷灰蝶 ***Ministrymon azia*** 分布于美国得克萨斯和佛罗里达至智利北部。迷灰蝶属共24种，背面土棕色，后翅为金属银蓝色。

纯迷灰蝶 ***Ministrymon una*** 分布于墨西哥至委内瑞拉、圭亚那和巴西。本种常见其在林地边缘沿着路边花丛飞行。

亥尼珂灰蝶 ***Nicolaea heraldica*** 分布于哥斯达黎加至巴西。本种翅背面深棕色，后翅有金属蓝色光泽。

皮尼珂灰蝶 ***Nicolaea pyxis*** 分布于哥伦比亚。尼珂灰蝶属*Nicolaea*共40种，它们翅腹面的花纹粗细不一，但大体形状一致。

塔遨灰蝶 ***Ocaria thales*** 分布于亚马孙河流域。这种常见的蝴蝶背面深棕色，后翅具很窄的蓝色边缘。

酣半蓝灰蝶 ***Ostrinotes halciones*** 分布于墨西哥到亚马孙河流域。本种雄蝶的后翅和前翅一半以下的翅面为深金属蓝色。

巴潘灰蝶 ***Panthiades bathildis*** 分布于墨西哥至亚马孙河流域。潘灰蝶属共7种，翅腹面的斑纹十分多样。雄蝶翅背面为耀眼的蓝色，前翅前缘呈弓形。

蓝伪灰蝶 ***Pseudolycaena marsyas*** 分布于巴拿马至巴西东南部。本种翅背面为耀眼的金属蓝绿色，是最大的灰蝶之一，具很长的尾突，翅展有时可超过70mm（2.8in）。

阿里亚方角灰蝶 ***Rhamma arria*** 分布于哥伦比亚至阿根廷。方角灰蝶属共28种，翅面多为金属蓝色，前翅顶角为镰刀状或近方形。

阿卡洒灰蝶 ***Satyrium acaciae*** 分布于欧洲至俄罗斯南部。洒灰蝶属共74种，分布范围横跨北美洲、欧洲和温带亚洲。

紫斯特灰蝶 ***Strephonota purpurantes*** 分布于秘鲁。本种雄蝶翅面为荧光蓝色，顶角黑色。斯特灰蝶属共44种。

李洒灰蝶 ***Satyrium pruni*** 分布于欧洲至南西伯利亚和日本。这个神秘的物种一生中大部分时间都生活在高大的黑刺李灌木丛的高处，有时会飞下来吸食水蜡树或树莓的花蜜。

阿斯螯灰蝶 ***Strymon astiocha*** 分布于墨西哥到巴西。与大多数新热带灰蝶不同，本种翅背面为土棕色，无蓝色鳞片。

麦加拉螯灰蝶 ***Strymon megarus*** 分布于墨西哥到巴西东南部。螯灰蝶属共57种，通常见于开阔的灌丛附近。

深蓝野灰蝶 ***Theritas drucei*** 分布于巴西东南部。本种雄蝶翅背面为深金属蓝色。野灰蝶属共26种。

橄榄野灰蝶 ***Theritas phegeus*** 分布于厄瓜多尔和秘鲁。本种翅面为金属蓝绿色，翅腹面具独特的橄榄色泽。

南野灰蝶 ***Thestius meridionalis*** 分布于哥伦比亚至玻利维亚。像其他灰蝶一样，本种会在清晨向一侧倾斜以最大程度吸收太阳辐射。

驼灰蝶 *Tmolus echion* 分布于墨西哥至阿根廷。尽管它是驼灰蝶属最常见和最广布的种，但在任何已知产地中数量都较少。本种是一个雨林种。

橙斑驼灰蝶 *Tmolus venustus* 分布于圭亚那、亚马孙河流域和巴西东南部。淡黄褐色的翅面，加上橙色的窄边和翅上线性排列的橙色方斑，这些特征可以帮助我们将该种与其他灰蝶区分开来。

红点齐灰蝶 *Ziegleria ceromia* 分布于墨西哥至玻利维亚。本种翅背面灰棕色，雄蝶后翅上有蓝色鳞片。

斑灰蝶族HORAGINI

斑灰蝶族分布于东洋界，包括斑灰蝶属*Horaga*的14种，它们的翅腹面为棕色，上有白色带纹，另外还有单种的豹纹灰蝶属*Rathinda*。

所包含的属：斑灰蝶属*Horaga*、豹纹灰蝶属*Rathinda*。

豹纹灰蝶 ***Rathinda amor*** 分布于印度。这种小型蝴蝶飞行迅速，但很多时候都是停息在树林下层灌丛背阴处的叶片上。

旖灰蝶族HYPOLYCAEINI

旖灰蝶族共65种，分布于旧世界。大多数种类具很长的白色尾突，其用途目前尚不清楚，可能是为了迷惑鸟类，从而避免身体受到攻击，或者可能起到牺牲的作用，当受到蜘蛛、黄蜂或大型蚂蚁的攻击时，尾突可折断。

所包含的属：蒲灰蝶属*Chliaria*、半彩灰蝶属*Hemiolaus*、旖灰蝶属*Hypolycaena*、刺尾灰蝶属*Leptomyrina*、珍灰蝶属*Zeltus*。

黯旖灰蝶 ***Hypolycaena antifaunus*** 分布于塞内加尔至乌干达。旖灰蝶属共45种，包括22种长尾突的非洲种类，它们翅背面黑色，并不同程度被有金属蓝色鳞片。

旖灰蝶 *Hypolycaena erylus* 分布于印度、马来西亚和印度尼西亚。本种在停息时会摆动后翅，通过眼斑和触角状的尾突吸引天敌鸟类的注意，使身体免受其攻击。

珍灰蝶 *Zeltus amasa* 分布于印度至马来西亚、巴拉望岛和印度尼西亚。在森林中十分常见。雄蝶常造访林地上的鸟粪。

瑶灰蝶族IOLAINI

瑶灰蝶族共224种，分布于非洲界和东洋界。所有种类都有很长的尾突。翅背面颜色多样，从瑶灰蝶属*Iolaus*的荧光蓝色，到红剑灰蝶属*Ritra*的金属紫色和凤灰蝶属*Charana*耀眼的宝石绿色。翅腹面斑纹同样十分多样。

所包含的属：布里灰蝶属*Britomartis*、补灰蝶属*Bullis*、凤灰蝶属*Charana*、克灰蝶属*Creon*、达灰蝶属*Dacalana*、艾泰灰蝶属*Etesiolaus*、瑶灰蝶属*Iolaus*、剑尾灰蝶属*Jacoona*、玛乃灰蝶属*Maneca*、曼托灰蝶属*Manto*、拟曼托灰蝶属*Mantoides*、马仔灰蝶属*Matsutaroa*、帕灰蝶属*Paruparo*、珀灰蝶属*Pratapa*、普尔灰蝶属*Purlisa*、伊灰蝶属*Rachana*、红剑灰蝶属*Ritra*、斯图灰蝶属*Stugeta*、索灰蝶属*Suasa*、淑女灰蝶属*Sukidion*、双尾灰蝶属*Tajuria*、缇灰蝶属*Thrix*。

鹿灰蝶族LOXURINI

鹿灰蝶族是一个小族，仅有22种，分布于东洋界，但其中许多是非常著名的种类，经常能够遇见。

所包含的属：达皮灰蝶属*Dapidodigma*、津灰蝶属*Drina*、丝尾灰蝶属*Eooxylides*、鹿灰蝶属*Loxura*、白翅灰蝶属*Neomyrina*、塔玛灰蝶属*Thamala*、桠灰蝶属*Yasoda*。

红丝尾灰蝶 *Eooxylides tharis* 分布于马来西亚、巴拉望岛和印度尼西亚。这种美丽的蝴蝶有时会群集于植物的花外蜜腺周围吸食花蜜。

三点桠灰蝶 *Yasoda tripunctata* 分布于印度锡金至中国和越南北部。这种小型蝴蝶通常在低矮枝条的叶片上停息。

鹿灰蝶 ***Loxura atymnus*** 分布于印度至马来西亚、巴拉望岛和印度尼西亚。本种善于拟态干枯的树叶。其翅背面为亮橘红色。

褐裙灰蝶族LUCIINI

褐裙灰蝶族共157种，仅分布于澳大利亚、新几内亚岛和周边的太平洋岛屿。该族最大的属——链灰蝶属*Hypochrysops*，共75种，许多种翅腹面色彩鲜艳，如布链灰蝶*H. byzos*翅面金黄色，上有红色圆斑；雷链灰蝶*H. resplendens*翅上有黑色、白色和金属蓝色带纹。

所包含的属：散灰蝶属*Acrodispas*、链灰蝶属*Hypochrysops*、褐裙灰蝶属*Lucia*、新光灰蝶属*Neolucia*、粑灰蝶属*Paralucia*、菲灰蝶属*Philiris*、金侧灰蝶属*Parachrysops*、藓灰蝶属*Pseudodispas*。

尖尾灰蝶族OXYLIDINI

尖尾灰蝶族共7种，分布于非洲。

所包含的属：尖尾灰蝶属*Oxylides*。

尖尾灰蝶 *Oxylides faunus* 分布于几内亚至喀麦隆。近圆形的前翅可将尖尾灰蝶属*Oxylides*与其他斑纹相似的属区分开。

莱灰蝶族REMELANINI

莱灰蝶族仅5种，分布于东洋界。它们翅背面棕色，其上不同程度带有金属蓝色鳞片；翅腹面浅黄色、白色或棕色，斑纹十分朴素。

所包含的属： 安灰蝶属*Ancema*、伪双尾灰蝶属*Pseudotajuria*、莱灰蝶属*Remelana*。

莱灰蝶 *Remelana jangala* 分布于印度东北部至马来西亚和印度尼西亚。本种翅面棕色，基半部具深紫色光泽。

线灰蝶族THECLINI

线灰蝶族共220种，集中分布于中国，也有少数分布于北美洲、欧洲和东南亚。大部分种的幼虫以落叶树种的叶片和花为食。

所包含的属：丫灰蝶属*Amblopala*、青灰蝶属*Antigius*、癞灰蝶属*Araragi*、精灰蝶属*Artopoetes*、奥斯灰蝶属*Austrozephyrus*、柴灰蝶属*Chaetoprocta*、金灰蝶属*Chrysozephyrus*、珂灰蝶属*Cordelia*、朝灰蝶属*Coreana*、江崎灰蝶属*Esakiozephyrus*、轭灰蝶属*Euaspa*、艳灰蝶属*Favonius*、太平灰蝶属*Goldia*、工灰蝶属*Gonerilla*、哈博灰蝶属*Habrodais*、何华灰蝶属*Howarthia*、金紫灰蝶属*Hypaurotis*、尧灰蝶属*Iozephyrus*、异灰蝶属*Iraota*、珠灰蝶属*Iratsume*、黄灰蝶属*Japonica*、浪灰蝶属*Laeosopis*、璐灰蝶属*Leucantigius*、宽尾灰蝶属*Myrina*、南岭灰蝶属*Nanlingozephyrus*、翠灰蝶属*Neozephyrus*、帕莱灰蝶属*Pamela*、祖灰蝶属*Protantigius*、普罗灰蝶属*Proteuaspa*、冷灰蝶属*Ravenna*、三枝灰蝶属*Saigusaozephyrus*、陕灰蝶属*Shaanxiana*、诗灰蝶属*Shirozua*、柴谷灰蝶属*Sibataniozephyrus*、时氏灰蝶属*Shzuyaozephyrus*、超灰蝶属*Superflua*、希灰蝶属*Syrmoptera*、铁灰蝶属*Teratozephyrus*、线灰蝶属*Thecla*、热灰蝶属*Thermozephyrus*、赭灰蝶属*Ussuriana*、华灰蝶属*Wagimo*、虎灰蝶属*Yamamatozephyrus*、亚马灰蝶属*Yamatozephyrus*。

橙斑线灰蝶 *Thecla betulae* 分布于欧洲和温带亚洲。线灰蝶属蝴蝶主要发生于夏末，常见于林地边缘。其幼虫取食李属*Prunus*植物，成蝶则喜食泽兰属*Eupatorium*植物的花蜜。

泽灰蝶族ZESIINI

泽灰蝶族共有3属。来自澳大利亚的佳灰蝶属*Jalmenus*和毛纹灰蝶属*Pseudalmenus*翅背面分别具银蓝色或黄色斑块，腹面具条纹，臀角具显著的红色圆斑。印度的泽灰蝶*Zesius chrysomallus*雄蝶翅背面铜红色，雌蝶淡蓝色，雌雄个体翅腹面均有红色圆斑。

所包含的属：佳灰蝶属*Jalmenus*、毛纹灰蝶属*Pseudalmenus*、泽灰蝶属*Zesius*。

五、蛱蝶科

NYMPHALIDAE

蛱蝶科这一大科在全世界有6 000多种。它们体形多样，包括小型的全北界的珍眼蝶属*Coenonympha*，到巨大的热带亚马孙的闪蝶属*Morpho*。蛱蝶科不同属的种其前翅可呈圆形、角状或镰刀状。同样，后翅也可呈圆形，如美蛱蝶属*Perisama*，或具长尾突，如凤蛱蝶属*Marpesia*。蛱蝶翅背面通常比较艳丽，而翅腹面则具保护色，模拟枯叶或树皮。但是还有很多例外，如图蛱蝶属*Callicore*的种类翅腹面就很鲜艳。多数蛱蝶的前足退化而丧失功能。将所有蛱蝶科种类归在一起的唯一特征就是它们触角上具3条隆脊。目前蛱蝶科分为12个亚科。

（一六）闪蛱蝶亚科

Apaturinae

世界性分布，但在非洲种类较少，新西兰则完全没有。该亚科包括90种，集中分布在南美洲，全部种类都归在闪蛱蝶族APATURINI内。

闪蛱蝶族APATURINI

闪蛱蝶都是大型蝴蝶，飞行快速而强劲。雄蝶具有吸食树上流出的汁液的习性，或者吸食粪便、腐肉或腐烂的水果。雌蝶比较少见，一生大部分时间都在树冠层活动。

所包含的属：闪蛱蝶属*Apatura*、绿幻蛱蝶属*Apaturina*、茵蛱蝶属*Apaturopsis*、星纹蛱蝶属*Asterocampa*、铠蛱蝶属*Chitoria*、窗蛱蝶属*Dilipa*、荣蛱蝶属*Doxocopa*、悠蛱蝶属*Euapatura*、耳蛱蝶属*Eulaceura*、芒蛱蝶属*Euripus*、白蛱蝶属*Helcyra*、爻蛱蝶属*Herona*、脉蛱蝶属*Hestina*、拟脉蛱蝶属*Hestinalis*、迷蛱蝶属*Mimathyma*、罗蛱蝶属*Rohana*、紫蛱蝶属*Sasakia*、帅蛱蝶属*Sephisa*、绒蛱蝶属*Thaleropsis*、猫蛱蝶属*Timelaea*。

紫闪蛱蝶 ***Apatura iris*** 分布于欧洲至中国和日本。其幼虫的寄主植物为柳树，在柳属*Salix*植物丰富的潮湿森林中可见。只有雄蝶具紫色光泽。成虫吸食树液、粪便或腐肉。

荣蛱蝶 ***Doxocopa agathina*** 分布于哥伦比亚至巴拉圭。荣蛱蝶属的15个种都只分布于新热带界。多数种类的雄蝶具有紫色闪光或蓝绿色光泽。

蓝斑荣蛱蝶 ***Doxocopa cyane*** 分布于墨西哥至阿根廷。雄蝶具有很强的领地性。其一生大多数时间都在树冠层活动，并在此求爱和交尾。

白黄带荣蛱蝶 ***Doxocopa laure*** 分布于美国得克萨斯州至秘鲁。这种美丽的蝴蝶偶尔短暂地停留在岩石或潮湿沙土表面，吸食带矿物质的水分，但它们总是非常机警，不易接近。

烙印荣蛱蝶 ***Doxocopa laurentina*** 分布于墨西哥至亚马孙河流域。当阳光从不同角度照射到翅面上时，色带可反射出蓝绿色、绿色、蓝色或银色。

林达荣蛱蝶 ***Doxocopa linda*** 分布于哥斯达黎加至巴拉圭。本种形似悌蛱蝶属*Adelpha*的种，雌雄两性均不具金属光泽。

芒蛱蝶 ***Euripus nyctelius*** 分布于印度至马来西亚、菲律宾和印度尼西亚。本种具性二型现象，其雌雄蝶分别拟态有毒的白壁紫斑蝶*Euploea radamanthus*的雌雄蝶。

纳玛拟脉蛱蝶 ***Hestinalis nama*** 分布于印度锡金至中国南部、苏门答腊岛。这种非常机警的蝴蝶拟态有毒的青斑蝶属*Tirumala*或绢斑蝶属*Parantica*的种，这是一种贝氏拟态。

罗蛱蝶 ***Rohana parisatis*** 分布于印度至中国、马来西亚、巴拉望岛和印度尼西亚。黑色雄蝶因具有“地面上的蝶形黑洞”的称号而著名。褐黄色雌蝶具有和闪蛱蝶属*Apatura*类似的色型。

环带迷蛱蝶 ***Mimathyma ambica*** 分布于印度至越南和苏门答腊岛。迷蛱蝶属的4种蝴蝶也被一些分类学家归入闪蛱蝶属*Apatura*。

帅蛱蝶 ***Sephisa chandra*** 分布于印度、尼泊尔至中国台湾。本种可能是所有蝴蝶中飞行最迅速、技术最精湛的，它会在林道间来回高速穿梭，并以惊人的敏捷性调转方向。

（一七）苾蛱蝶亚科
Biblidinae

苾蛱蝶亚科包含了305个种，其中261种只分布于新热带界，28种只分布于非洲，还有2种只分布于东洋界。剩下的14种是波蛱蝶属*Ariadne*的种类，它们分布于旧世界的热带地区，从非洲到印度尼西亚的热带地区。

蛤蟆蛱蝶族AGERONIINI

蛤蟆蛱蝶族的31个种通常都会飞到树干高处晒太阳，而后再慢慢向下飞，整个过程长达约1h。最终它们会停留在低处取暖，但在受到轻微惊扰之后再飞回树梢，然后重新开始整个过程。

所包含的属：贝茨蛱蝶属*Batesia*、拟眼蛱蝶属*Ectima*、蛤蟆蛱蝶属*Hamadryas*、炬蛱蝶属*Panacea*。

丽雅拟眼蛱蝶 *Ectima lirides* 分布于秘鲁。拟眼蛱蝶属的4个种看上去像蛤蟆蛱蝶属*Hamadryas*的缩小版，尽管它们翅上的斑纹更简单、颜色更暗淡。

菲蛤蟆蛱蝶 *Hamadryas feronia* 分布于墨西哥至亚马孙河流域。它可能是蛤蟆蛱蝶属最常见和最广布的种。有时可见多只在同一树干上晒太阳。

贝茨蛱蝶 ***Batesia hypochlora*** 分布于厄瓜多尔和秘鲁。贝茨蛱蝶属一名源于传奇探险家和博物学家亨利·华特·贝茨（Henry Walter Bates）的姓氏，他提出的关于蝴蝶拟态的理论极大地增强了我们对演化历程的理解。

蛤蟆蛱蝶 ***Hamadryas amphinome*** 分布于墨西哥至亚马孙河流域。漂亮的复杂斑纹是这个属的典型特征。本种翅腹面主要为红色，但同属其他种类的翅腹面多为白色或黄色。

花斑蛤蟆蛱蝶 ***Hamadryas chloe*** 分布于哥伦比亚至秘鲁。其俗名为“亚马孙蓝爆竹”（Amazon Blue Cracker），本俗名来源于该种雄蝶在空中争斗时发出的类似烤肉的爆裂声。

黄裙蛤蟆蛱蝶 ***Hamadryas fornax*** 分布于墨西哥至秘鲁。本种翅腹面明亮的黄色将其与同属其他物种区分开来。翅背面的图案与菲蛤蟆蛱蝶*H. feronia*相似。

蓝点蛤蟆蛱蝶 ***Hamadryas laodamia*** 分布于墨西哥至亚马孙河流域。这种美丽蝴蝶的俗名为“星空爆竹”（Starry Night Cracker），本俗名来源于梵高的著名油画。

熄炬蛱蝶 ***Panacea procilla*** 分布于巴拿马至秘鲁。这是一种非常绚丽的蝴蝶，当阳光从不同角度照射到翅面时，其颜色会发生变化，由亮蓝色到蓝绿色再到绿色。

炬蛱蝶 ***Panacea prola*** 分布于巴拿马至亚马孙河流域。有时会有数百只炬蛱蝶展开双翅群集在亚马孙的沙洲上。如果感受到危险，它们会轻轻扇动翅膀，用翅腹面鲜艳的红色提醒彼此可能有危险。

女王炬蛱蝶 ***Panacea regina*** 分布于哥伦比亚至秘鲁及亚马孙河流域。本种在外形上和炬蛱蝶*P. prola*很相似，但它体型更大且更罕见。

苾蛱蝶族BIBLIDINI

苾蛱蝶族包括很多旧世界和新世界的属。很多种类的后翅略呈扇形。不同属的种类前翅形状不同，圆形或角状。下唇须较长，且当其停歇晒太阳时触角通常彼此平行指向前方。

所包含的属：白斑蛱蝶属*Archimestra*、波蛱蝶属*Ariadne*、朱履蛱蝶属*Biblis*、苾蛱蝶属*Byblia*、宽蛱蝶属*Eurytela*、林蛱蝶属*Laringa*、中黄蛱蝶属*Mesoxantha*、玫蛱蝶属*Mestra*、蛇纹蛱蝶属*Neptidopsis*、围蛱蝶属*Vila*。

光束波蛱蝶 ***Ariadne albifascia*** 分布于塞内加尔至乌干达。这种焦躁机警的蝴蝶在非洲大部分地区的森林中非常常见。

波蛱蝶 ***Ariadne ariadne*** 分布于印度至马来西亚和印度尼西亚。这种蝴蝶飞行迅速而又十分优雅，会在低矮的树枝间翩飞、滑行、旋转、盘绕。

细纹波蛱蝶 ***Ariadne merione*** 分布于印度至马来西亚、菲律宾和印度尼西亚。常见于有阳光的林缘地区，包括路边和河堤。

朱履蛱蝶 ***Biblis hyperia*** 分布于墨西哥至玻利维亚、巴西和巴拉圭。这种独特的雨林蝴蝶是朱履蛱蝶属唯一的一个种。

安苾蛱蝶 ***Byblia anvatara*** 分布于撒哈拉以南的非洲。苾蛱蝶属的2个物种栖息于热带草原、荆棘灌丛和开阔的干燥林地。

图蛱蝶族CALLICORINI

这个分布于新热带界的族包括82个种，有鲜亮的色彩和明显的花纹。很多种类的雄蝶会在热带雨林或云雾林环境的建筑物或桥梁周围群集。

所包含的属： 安提蛱蝶属*Antigonis*、图蛱蝶属*Callicore*、丹心蛱蝶属*Catacore*、涡蛱蝶属*Diaethria*、血塔蛱蝶属*Haematera*、中条蛱蝶属*Mesotaenia*、欧罗蛱蝶属*Orophila*、开心蛱蝶属*Paulogramma*、美蛱蝶属*Perisama*。

裕后图蛱蝶 ***Callicore cynosura*** 分布于东安第斯山脉和亚马孙河流域。本种翅腹面的“BD”符号使其容易被辨别。

图蛱蝶 ***Callicore astarte*** 分布于中美洲、安第斯山脉和亚马孙河流域。图蛱蝶属的20种蝴蝶翅腹面有着简单而独特的标记，通常和字母、数字字符很像。

南美图蛱蝶 ***Callicore hesperis*** 分布于厄瓜多尔至玻利维亚。在本种、黄带图蛱蝶*C. atacama*、八联珠图蛱蝶*C. felderi*和七点图蛱蝶*C. lyca*这几个种中，典型的字母或数字样字符图案变成了一系列白色或稍带蓝色的斑点。

七点图蛱蝶 ***Callicore lyca*** 分布于墨西哥至玻利维亚。这种蝴蝶通常单独行动，在湿润的岩石和沙地表面吸食水分。

臀红图蛱蝶 ***Callicore pygas*** 分布于东安第斯山脉和亚马孙河流域。图蛱蝶属幼虫以无患子科Sapindaceae植物的叶片为食。

红涡蛱蝶 ***Diaethria clymena*** 分布于尼加拉瓜至巴西。涡蛱蝶属的所有12个种翅上均具“88”或“89”符号，但粗细和形状不同。雄蝶通常会在河滩周围群集吸食溶解的矿物质。

光荣涡蛱蝶 ***Diaethria euclides*** 分布于哥伦比亚、委内瑞拉和厄瓜多尔。涡蛱蝶属所有种类的翅背面都为黑色并具有金属蓝色或蓝绿色的带纹。

轻涡蛱蝶 ***Diaethria neglecta*** 分布于哥伦比亚至玻利维亚。雄蝶常停息在树叶上等候雌蝶经过。黄昏时分它们常停息在树叶下面以躲避夜间的雨水。

六点美蛱蝶 *Perisama vaninka* 本种雌雄蝶的翅背面均为黑色具蓝绿色带纹，而其近似种艾丽美蛱蝶*Perisama alicia*的带纹为蓝色。

卡纳美蛱蝶 *Perisama canoma* 分布于厄瓜多尔、秘鲁和玻利维亚。有几个种的翅腹面与该种相似，包括杜宾美蛱蝶*P. dorbignyi*、雷布美蛱蝶*P. lebasii*和红衬美蛱蝶*P. patara*。

芦苇美蛱蝶 *Perisama calamis* 分布于秘鲁和玻利维亚。美蛱蝶属共32种，大多数种类的翅腹面为灰色或黄色，具有深色的波状纹和一系列黑点。

杜宾美蛱蝶 ***Perisama dorbignyi*** 分布于哥伦比亚至秘鲁。美蛱蝶属很多种的雄蝶翅背面都很相似，底色黑色并具有金属蓝色、绿色或蓝绿色的带纹。

钩带美蛱蝶 ***Perisama humboldtii*** 分布于哥伦比亚至玻利维亚。是美蛱蝶属最常见的种之一，常发现于东安第斯山脉海拔1 400~1 800m（4 600~5 900ft）草木茂盛的山坡上。

蓝眉美蛱蝶 ***Perisama clisithera*** 分布于厄瓜多尔至玻利维亚。在安第斯山脉的云雾林路边，经常见到美蛱蝶属的多个种群集吸食溶解的矿物质。

蓝黑美蛱蝶 ***Perisama philinus***分布于秘鲁和玻利维亚。本种与三条美蛱蝶*P. tristrigosa*的翅腹面几乎相同，后者翅背面的带纹较窄且为蓝绿色，而该种带纹更宽更蓝。

琉璃美蛱蝶 ***Perisama vitringa*** 分布于秘鲁和玻利维亚。本种的翅腹面通常没有其他种那样的黑色斑点。

黑蛱蝶族EPICALIINI

黑蛱蝶族分布于新热带界，又称为CATONEPHELINI，包含了70个种。

所包含的属：黑蛱蝶属*Catonephele*、柯蛱蝶属*Cybdelis*、神蛱蝶属*Eunica*、鼠蛱蝶属*Myscelia*、鸭蛱蝶属*Nessaea*、海蛱蝶属*Sea*、谢文蛱蝶属*Sevenia*。

橙斑黑蛱蝶 ***Catonephele numilia*** 分布于墨西哥至秘鲁。黑蛱蝶属的11个种都具有宽阔的火红橙色斑块。后翅边缘的蓝色鳞片是该种所特有的。

奥黑蛱蝶 ***Catonephele orites*** 分布于哥斯达黎加至厄瓜多尔。雄蝶如上图所示。雌蝶翅背面深棕色，有明显的残缺白色带纹。

盐黑蛱蝶 ***Catonephele salambria*** 分布于哥伦比亚至玻利维亚。雄性盐黑蛱蝶和黄柱黑蛱蝶*C. chromis*、沙黑蛱蝶*C. sabrina*翅背面的图案很相近，但翅腹面的图案不同。

斜带神蛱蝶 ***Eunica carias*** 分布于哥斯达黎加至秘鲁。神蛱蝶属的40个种里，大多数种类的雄蝶翅背面具有亮蓝色或紫色闪光。

光荣神蛱蝶 ***Eunica clytia*** 分布于亚马孙河上游流域。雄蝶有时会大量聚集于亚马孙河河滩，并驱逐几乎所有其他的蝴蝶。

艾神蛱蝶 ***Eunica eburnea*** 分布于巴西东南部。不同于神蛱蝶属的其他成员，本种翅背面呈灰色，并具1条白色对角宽带纹和黑色顶角。

斑蓝神蛱蝶 ***Eunica norica*** 分布于哥斯达黎加至秘鲁。本种只在后翅上具蓝色鳞片，而很多同属的其他种类整个翅背面都有较深的金属蓝色或紫色。

蓝裙神蛱蝶 ***Eunica sophonisba*** 分布于亚马孙河上游流域。翅腹面的橙色带纹仅在本种及其来自安第斯山的近似种绿神蛱蝶*E. sophonisba*中发现。

白斑褐鼠蛱蝶 *Myscelia capenas* 分布于亚马孙河流域和安第斯山脉的山麓丘陵。这种常见的雨林蝴蝶翅面上有紫色鳞片，这在鼠蛱蝶属的另外8个种中是很罕见的。

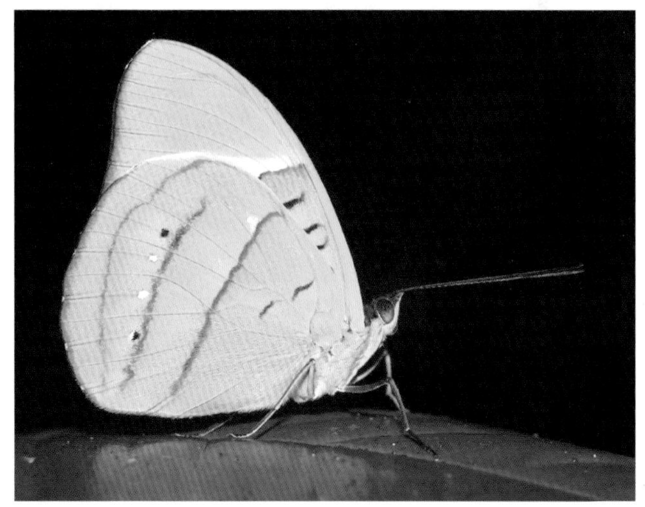

蓝带鸭蛱蝶 *Nessaea hewitsoni* 分布于亚马孙河流域。很多绿色蝴蝶的颜色是典型的结构色，靠透明鳞片反射形成，但鸭蛱蝶属蝴蝶的绿色却是色素色。

黄带鸭蛱蝶 *Nessaea obrinus* 分布于亚马孙河流域。鸭蛱蝶属所有种类翅正面都为黑色，前翅具有近似荧光蓝色的带纹，蓝带鸭蛱蝶*N. hewitsoni*在后翅上也有。至于本种，则在后翅上具有宽阔的火橙色带纹。

荫蛱蝶族EPIPHILINI

荫蛱蝶族包括35种分布于新热带界的飞行迅速的蝴蝶。该族所有蝴蝶的翅背面都很鲜艳，至于翅腹面，星蛱蝶属*Asterope*和火蛱蝶属*Pyrrhogyra*具有鲜明的斑纹，亮蛱蝶属*Lucinia*的斑纹杂乱，剩下其他属则具保护色。

所包含的属：星蛱蝶属*Asterope*、苞蛱蝶属*Bolboneura*、荫蛱蝶属*Epiphile*、亮蛱蝶属*Lucinia*、尼克蛱蝶属*Nica*、蚌蛱蝶属*Peria*、火蛱蝶属*Pyrrhogyra*、余蛱蝶属*Temenis*。

褐色星蛱蝶 ***Asterope leprieuri*** 分布于哥伦比亚至秘鲁和巴西。星蛱蝶属的种翅背面有耀眼的金属蓝色，有时在翅基部有橙色斑块。

基黄星蛱蝶 ***Asterope markii*** 分布于东安第斯山脉和巴西。星蛱蝶属的7个种在地面时都很机警，在空中飞行速度快而敏捷。

金斑荫蛱蝶 ***Epiphile chrysites*** 分布于哥伦比亚至玻利维亚。荫蛱蝶属的16个种在前翅腹面具有特有的苍白色齿状纹。

断带荫蛱蝶***Epiphile dilecta*** 分布于委内瑞拉至玻利维亚。荫蛱蝶属有的种具有橙色带纹，包括金斑荫蛱蝶*E. chrysites*、断带荫蛱蝶*E. dilecta*和橙带荫蛱蝶*E. imperator*。

玉带荫蛱蝶 ***Epiphile eriopis*** 分布于尼加拉瓜至哥伦比亚。这种漂亮蝴蝶的雄性因其宽阔的红色和白色带纹而极易被识别。

双带荫蛱蝶 ***Epiphile orea*** 分布于哥伦比亚至玻利维亚和巴西东南部。这种漂亮蝴蝶的分布范围与在中美洲的近似种翠蓝荫蛱蝶*E. iblis*稍有重叠。

黄尼克蛱蝶 ***Nica flavilla*** 分布于墨西哥至玻利维亚。可在林地边缘或者有阳光照射的山间小径上发现，通常在灌木或小树的树叶下停息。

宽带火蛱蝶 ***Pyrrhogyra amphiro*** 分布于东安第斯山和亚马孙河流域。火蛱蝶属的种翅腹面白色，周围环绕着一圈亮红色的线纹。火蛱蝶属共有6个种。

克火蛱蝶 ***Pyrrhogyra crameri*** 分布于尼加拉瓜至秘鲁、苏里南。这是火蛱蝶属唯一一个前翅翅室下缘不呈红色的种。

黄褐余蛱蝶 ***Temenis laothoe*** 分布于墨西哥至秘鲁和巴西。本种后翅通常为橙色，但来自亚马孙的罕见的*violetta*变型后翅则为金属蓝色。

红带余蛱蝶 ***Temenis pulchra*** 分布于巴拿马至秘鲁和巴西。这是一种好斗的蝴蝶，对粪便有强烈趋性，它们会赶走任何靠近它们的蝴蝶，以确保自己能独享食物。

权蛱蝶族EUBAGINI

权蛱蝶族共39种，全部归在权蛱蝶属*Dynamine*下。它们以其优雅的飞行姿态和翅腹面独特的条纹而闻名。

所包含的属：权蛱蝶属*Dynamine*。

小权蛱蝶 *Dynamine agacles* 分布于巴拿马至巴西南部。这种小型蝴蝶只在炙热的阳光下才显得比较活跃，它们会沿着林道和山径呈“Z”形快速飞行以搜寻潮湿的地方。

金权蛱蝶 ***Dynamine chryseis*** 分布于尼加拉瓜至亚马孙河流域。本种翅背面为闪光的翠绿色，前翅顶端有一块黑斑。

黄萤权蛱蝶 ***Dynamine myrson*** 分布于秘鲁和亚马孙河上游流域。这是一种广布却又稀少的蝴蝶，偶尔会在溪流边缘发现它们。

磨石权蛱蝶 ***Dynamine postverta*** 分布于墨西哥至阿根廷以及巴西东南部。这种常见蝴蝶的异名*D. mylitta*也广为人知。

朗星权蛱蝶 ***Dynamine tithia*** 分布于哥斯达黎加至亚马孙河流域。这种蝴蝶经常会在搜寻水分的时候扇动翅膀，快速地从一处跳到另一处。

（一八）绢蛱蝶亚科
Calinaginae

(无族级划分)

绢蛱蝶亚科已知的10个种都归在同一个属下。它们通过身上的斑纹和独特的行为来拟态有毒的斑蝶。

所包含的属：绢蛱蝶属*Calinaga*。

大卫绢蛱蝶 *Calinaga davidis* 分布于中国西部。雌雄蝶会在山脊或山顶聚集并求偶交配。

（一九）螯蛱蝶亚科
Charaxinae

这个泛热带分布的亚科包含了342种身体强健、飞行迅速的蝴蝶。雌蝶和雄蝶都会停留在地面上，从粪便、尸体和腐烂的水果中吸取有机溶液。

安蛱蝶族ANAEINI

安蛱蝶族为新热带界特有。所有的88个种都有极具隐蔽效果的翅腹面图案，在停歇时外观酷似树叶。相反，其翅背面通常饰有金属蓝色或紫铜色的鳞片，可能用于吸引配偶。

所包含的属：安蛱蝶属*Anaea*、拟叶蛱蝶属*Coenophlebia*、鹞蛱蝶属*Consul*、扶蛱蝶属*Fountainea*、钩翅蛱蝶属*Hypna*、尖蛱蝶属*Memphis*、多蛱蝶属*Polygrapha*、喜蛱蝶属*Siderone*、缺翅蛱蝶属*Zaretis*。

拟叶蛱蝶 *Coenophlebia archidona* 分布于哥伦比亚至玻利维亚和巴西。这种蝴蝶具有不可思议的巧妙伪装，使得其在森林落叶层上停歇时很难被发现。

鹞蛱蝶 ***Consul fabius*** 分布于墨西哥至玻利维亚。这种拟态枯叶的蝴蝶翅背面有橙色和棕色的带纹。鹞蛱蝶属共有4个种。

黄肩鹞蛱蝶 ***Consul panariste*** 分布于危地马拉至委内瑞拉。这种蝴蝶通常停在地面或在叶片上静止不动，对自己的枯叶伪装十分自信。它们的翅背面为金属蓝色，后翅有一条水平的黄色宽带。

双带扶蛱蝶 ***Fountainea nessus*** 分布于哥伦比亚至玻利维亚。本种的雄蝶被认为是尖蛱蝶属8个种中最美丽的。

光荣扶蛱蝶 ***Fountainea nobilis*** 分布于墨西哥至秘鲁。和本种一样，扶蛱蝶属的所有种都有着相似的具保护色的翅腹面，但多数种类翅背面为橙色，没有紫色鳞片。

钩翅蛱蝶 ***Hypna clytemnestra*** 分布于墨西哥至亚马孙河流域。茎秆状的尾突使其拟态枯叶的能力更强。

月桂尖蛱蝶 ***Memphis laura*** 分布于哥斯达黎加至哥伦比亚。本种雄蝶翅背面为蓝黑色，有宽阔的橙色边缘。有尾突的雌蝶则为荧光蓝色，有一条斜跨前翅的宽阔银白色带纹。

蓝基尖蛱蝶 ***Memphis mora*** 分布于墨西哥至秘鲁。这类蝴蝶经常停在路边吸食粪便，但当它们不取食时常常行踪不定，且很少能见到它们展开翅膀。

狼尖蛱蝶 ***Memphis lyceus*** 分布于哥斯达黎加至玻利维亚。本种雄蝶翅背面是黑色的，但前翅基部和整个后翅密布着具强烈金属光泽的蓝色鳞片。

四季尖蛱蝶 ***Memphis perenna*** 分布于墨西哥至哥伦比亚。尖蛱蝶属的雄蝶后翅为圆形，但大多数种类的雌蝶有茎秆状的短尾突。

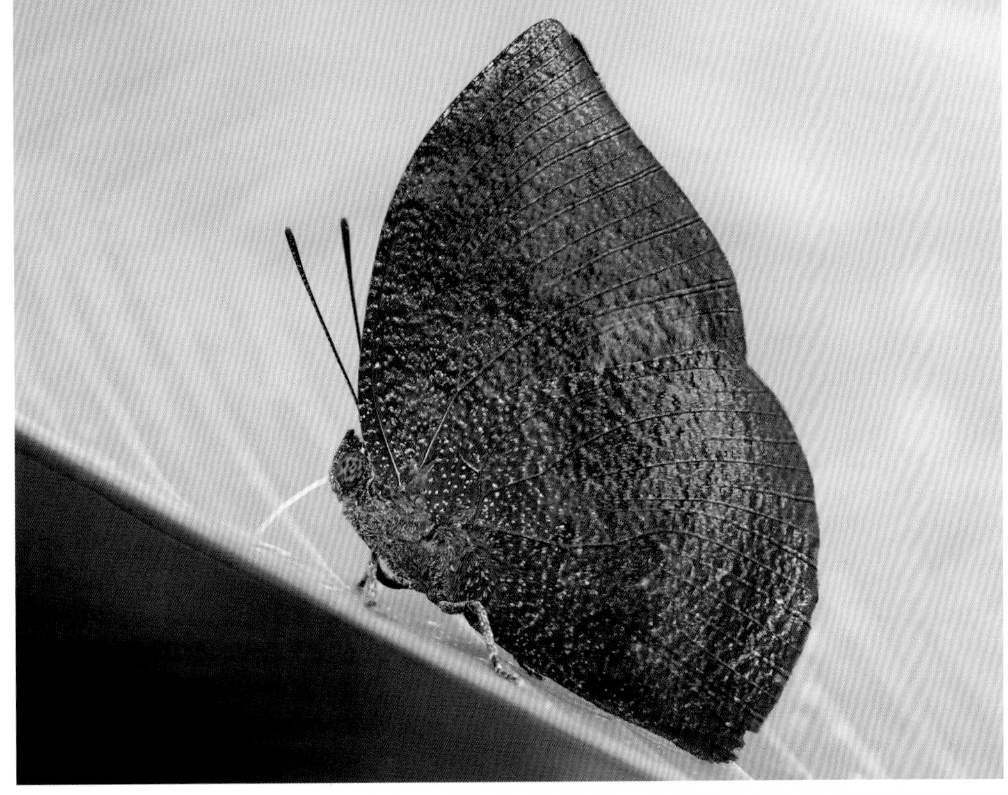

尖蛱蝶 ***Memphis polycarmes*** 分布于哥伦比亚和巴西。本种雌蝶和雄蝶的翅背面均有淡蓝色光泽。

素波多蛱蝶 ***Polygrapha suprema*** 分布于巴西东南部。是一种绝美的蝴蝶，仅见于巴西大西洋沿岸的热带雨林中。

伊斯缺翅蛱蝶 ***Zaretis isodora*** 分布于墨西哥至亚马孙河流域。腐尸是这类蝴蝶的美味。上图是一只雄性伊斯缺翅蛱蝶正在狼吞虎咽地吸食一只秘鲁食鼠蛇的尸体。

格兰喜蛱蝶 ***Siderone galanthis*** 分布于墨西哥至亚马孙河流域。这种精美的蝴蝶有着黑色的底色和亮红色带纹。这是一种广布的蝴蝶，但由于其在树冠层活动而很少被人发现。

繁蛱蝶族ANAEOMORPHINI

该族仅包含了一种分布于亚马孙的蝴蝶即繁蛱蝶*Anaeomorpha splendida*。这种蝴蝶具有弯钩状的前翅，翅腹面犹如枯叶，甚至中间还有“主叶脉”。雄蝶翅背面有大量荧光蓝色的鳞片。

所包含的属： 繁蛱蝶属*Anaeomorpha*。

螯蛱蝶族CHARAXINI

几乎所有旧世界的螯蛱蝶亚科种类都归在螯蛱蝶族下。该族共223种，部分种类的翅腹面非常艳丽，但大多数种类则是具拟态枯叶的隐蔽性图案。很多分类学家认为螯蛱蝶属*Charaxes*和尾蛱蝶属*Polyura*应该合并。

所包含的属：螯蛱蝶属*Charaxes*、尾蛱蝶属*Polyura*。

粉带螯蛱蝶 *Charaxes cynthia* 分布于几内亚至刚果。螯蛱蝶属的多数种类翅背面为黑色并具蓝色带纹，或像该种一样是金属橙色。

宽带螯蛱蝶 ***Charaxes brutus*** 分布于撒哈拉以南的非洲。螯蛱蝶属共198种，主要分布在非洲，仅有24种分布在东洋界，1种分布于南欧，1种在澳大利亚。

童男螯蛱蝶 ***Charaxes etheocles*** 分布于塞内加尔至埃塞俄比亚，向南可及刚果、乌干达和赞比亚。本种蝴蝶的翅背面完全黑色。

翠无螯蛱蝶 ***Charaxes eupale*** 分布于塞内加尔至刚果、乌干达和坦桑尼亚。螯蛱蝶属只有2种绿色的蝴蝶：翠无螯蛱蝶和雅螯蛱蝶*C. subornatus*。

花斑螯蛱蝶 ***Charaxes kahruba*** 分布于印度、尼泊尔至越南。螯蛱蝶属蝴蝶以其强有力的飞行而著名。雄蝶具很强的领地性，但会聚在一起取食。

璐螯蛱蝶 ***Charaxes lucretius*** 分布于塞内加尔至肯尼亚西部和赞比亚。螯蛱蝶属的种类主要取食粪便和腐尸，也会取食腐烂的水果。

原螯蛱蝶 ***Charaxes protoclea*** 分布于塞内加尔至莫桑比克。这种常见蝴蝶的栖息环境多样，从热带雨林到热带草原均可见到。

红螯蛱蝶 ***Charaxes zingha*** 分布于塞内加尔至刚果和乌干达。当不取食的时候，雄性螯蛱蝶会停息在树顶的高处以占据有利位置，等候经过的雌蝶。

窄斑凤尾蛱蝶 *Polyura athamas* 分布于印度至越南、菲律宾、马来西亚和印度尼西亚。尾蛱蝶飞行强劲而迅速，而且通常十分警觉，但当其取食粪便或腐尸的时候，它们几乎察觉不到周围有人类存在。

凤尾蛱蝶 *Polyura arja* 分布于印度至柬埔寨和中国。尾蛱蝶属有25个种，多数在外形上都和凤尾蛱蝶相似。

白双尾蛱蝶 *Polyura delphis* 分布于印度至马来西亚、菲律宾和印度尼西亚。这种漂亮的蝴蝶通常神出鬼没，但有时它们会在雨林地面搜寻可吸食的粪便。它们也被称作“嵌着宝石的尾蛱蝶”（Jewelled Nawab）。

圆蛱蝶族EUXANTHINI

圆蛱蝶族包括5个来自非洲的种和1个马达加斯加特有种。圆蛱蝶属*Euxanthe*翅的形状和斑纹，以及具白色斑点的胸部显示它们会拟态有毒的斑蝶。

所包含的属：圆蛱蝶属*Euxanthe*。

白斑圆蛱蝶 ***Euxanthe eurinome*** 分布于撒哈拉以南的非洲。圆蛱蝶属的蝴蝶行踪不定，但有时会发现它们在树枝上停息。

草蛱蝶族PALLINI

草蛱蝶族仅4种，分布于非洲界。

所包含的属：草蛱蝶属*Palla*。

草蛱蝶 ***Palla decius*** 分布于几内亚至刚果（金）。草蛱蝶属的种通常很少离开其位于树顶的安全领地，但有时会与螯蛱蝶属*Charaxes*的种一起出现在粪便附近。

靴蛱蝶族PREPONINI

靴蛱蝶族分布于新热带界，包含21种飞行迅速、取食水果的蝴蝶。最新的研究认为彩袄蛱蝶属*Agrias*和娜靴蛱蝶属*Noreppa*都是靴蛱蝶属*Prepona*的异名，但由于它们翅面上的图案不同，所以本书仍将这两个属保留。

所包含的属：彩袄蛱蝶属*Agrias*、古靴蛱蝶属*Archaeoprepona*、娜靴蛱蝶属*Noreppa*、靴蛱蝶属*Prepona*。

玫瑰彩袄蛱蝶 *Agrias claudina* 分布于东安第斯山脉和巴西。这种美艳的蝴蝶在停息时通常会把翅膀紧紧合拢，所以能看见其翅背面是非常难得的事情。

大古靴蛱蝶 ***Archaeoprepona demophoon*** 分布于墨西哥至玻利维亚。这种令人印象深刻的、大型的蝴蝶多数时间都停息在树顶的叶片上。

回纹彩袄蛱蝶 ***Agrias amydon*** 分布于墨西哥至玻利维亚及亚马孙河流域。彩袄蛱蝶属的5个种都栖息于树冠层。很不幸的是它们被采集者大量捕捉，很多被制成纪念品出售。

大飞靴蛱蝶 ***Prepona deiphile*** 分布于墨西哥至秘鲁及亚马孙河流域。雄蝶的翅背面有一条耀眼的金属蓝色宽带，而雌蝶的带纹呈绿色。雌雄蝶翅亚缘处均有一系列橙色斑点。

眉靴蛱蝶 ***Prepona pheridamas*** 分布于哥伦比亚至玻利维亚及亚马孙河流域。雄蝶通常会停息在树干或较高的树叶上。头朝下飞行使得它们能够在空中快速地加速。

璞蛱蝶族PROTHOINI

璞蛱蝶族共2个属，都具有叶状的后翅。一些璞蛱蝶属*Prothoe*的蝴蝶翅腹面具有隐蔽性图案，还有一些有着与猫脸蛱蝶属*Agatasa*同样神秘的图案。

所包含的属：猫脸蛱蝶属*Agatasa*、璞蛱蝶属*Prothoe*。

猫脸蛱蝶 ***Agatasa calydonia*** 分布于泰国、马来西亚西部、苏门答腊岛、婆罗洲和菲律宾。本种多彩的翅腹面在蝴蝶当中是独一无二的。

（二〇）丝蛱蝶亚科
Cyrestinae

丝蛱蝶亚科下的3个属都归在丝蛱蝶族CYRESTINI下。

丝蛱蝶族CYRESTINI

这个泛热带分布的族包含了27种分布于旧世界的坎蛱蝶和丝蛱蝶，以及17种分布于新热带区的类似凤蝶的凤蛱蝶。该族大多数种类色彩艳丽，翅面上饰有垂直条纹。

所包含的属：坎蛱蝶属*Chersonesia*、丝蛱蝶属*Cyrestis*、凤蛱蝶属*Marpesia*。

坎蛱蝶 *Chersonesia rahria* 分布于缅甸、泰国、马来西亚和印度尼西亚。坎蛱蝶属的7个种体型都很小，外形雅致，它们通常停息在树叶背面，翅面完全展开。

黄绢坎蛱蝶 *Chersonesia risa* 分布于印度阿萨姆至中国西南部、马来西亚和婆罗洲。坎蛱蝶会轻快而有规律地从一个地点飞到另一个地点，但很少会远离它们最喜欢的栖息地，诸如雨林的小溪旁边。

榕丝蛱蝶 ***Cyrestis camillus*** 分布于撒哈拉以南的非洲和马达加斯加。本种雄蝶经常小范围地聚在一起，在潮湿的地面上吸取汁液。

八目丝蛱蝶 ***Cyrestis cocles*** 分布于缅甸至马来西亚和婆罗洲。和丝蛱蝶属的其他种一样，八目丝蛱蝶经常在树叶下停息并将翅面完全展开。

网丝蛱蝶 ***Cyrestis thyodamas*** 分布于印度至中国台湾。这种蝴蝶因其翅上的细线纹很像地图上的轮廓线而被称为“地图蝶”。

条纹凤蛱蝶 ***Marpesia berania*** 分布于墨西哥至秘鲁及亚马孙河流域。凤蛱蝶属的17个种以其笔直的触角和健硕的外形而易与凤蝶区分开来。

条纹凤蛱蝶 ***Marpesia berania*** 分布于美国得克萨斯至玻利维亚、阿根廷和巴西东南部。是目前为止凤蛱蝶属最常见的种，在旱季经常能见到大量个体在河岸或路旁的水洼处聚集。

斜带凤蛱蝶 ***Marpesia corinna*** 分布于哥伦比亚至秘鲁。在中美洲地区有两种非常近似的凤蛱蝶：革凤蛱蝶*M. corita*和马采拉凤蛱蝶*M. marcella*。

白垩凤蛱蝶 ***Marpesia crethon*** 分布于哥伦比亚至秘鲁。这种蝴蝶经常在河岸和林道周围聚集吸食溶解的矿物质。其翅腹面呈白色，带有几条较为模糊的橙色线纹。

火纹凤蛱蝶 ***Marpesia furcula*** 分布于尼加拉瓜至阿根廷。这种具迁飞习性的蝴蝶常数以千计地聚集在亚马孙裸露的沙洲上。

蓝灰凤蛱蝶 ***Marpesia livius*** 分布于墨西哥至玻利维亚。本种翅背面呈棕色，饰以窄的深色带纹和4个位于顶点的略带白色的斑点。

剑尾凤蛱蝶 ***Marpesia petreus*** 分布于美国得克萨斯至秘鲁和亚马孙河流域。是新热带界造型最优美的蝴蝶之一。它们通常在河岸和潮湿但有阳光照射的林荫道附近聚集吸食溶解的矿物质。

合法凤蛱蝶 *Marpesia themistocles* 分布于东安第斯山脉和亚马孙河流域。这种蝴蝶具有枯叶般的翅腹面和深棕色天鹅绒般的翅背面，绝不会被认错。

召龙凤蛱蝶 *Marpesia zerynthia* 分布于中美洲、安第斯山脉和巴西东南部。这种常见蝴蝶的翅背面呈深棕色天鹅绒质感并带有紫红色光泽。

（二一）斑蝶亚科
Danainae

斑蝶亚科的496个种会从幼虫期的寄主植物中获取毒素。这些毒素在成虫中继续存留，使得它们对食虫鸟类来说并不可口甚至会造成中毒。大多数斑蝶成虫都具有虎纹图案以警示鸟类它们有毒。很多其他科的无毒蝴蝶也进化出类似的虎纹图案，使鸟类误以为它们也是有毒的。这一大群拟态者和被拟态模型被称为“虎纹复合体”。

斑蝶族DANAINI

斑蝶族共169种，它们胸部侧面有很多白色斑点，这一特点使其很容易与其大多数的拟态者区分开来。该族集中分布于东洋界，但在其他大陆也均有分布。

所包含的属：窗斑蝶属*Amauris*、豹斑蝶属*Anetia*、古釉斑蝶属*Archaeolycorea*、斑蝶属*Danaus*、紫斑蝶属*Euploea*、帛斑蝶属*Idea*、旖斑蝶属*Ideopsis*、袖斑蝶属*Lycorea*、米利斑蝶属*Miriamica*、绢斑蝶属*Parantica*、鹊斑蝶属*Protoploea*、拓斑蝶属*Tiradelphe*、青斑蝶属*Tirumala*。

金斑蝶 ***Danaus chrysippus*** 分布于非洲、阿拉伯半岛、印度、东南亚、澳大利亚。这种适应性极强的蝴蝶在旱季常数量庞大。本种常被一些珍蝶属*Acraea*、斑蛱蝶属*Hypolimnas*和凤蝶属*Papilio*的种类作为拟态对象。

虎斑蝶 ***Danaus genutia*** 分布于印度至中国、马来西亚、印度尼西亚、新几内亚岛和澳大利亚东北部。它通常被称为“条纹虎”（Striped tiger）斑蝶或“褐虎”（Brown tiger）斑蝶。

君主斑蝶 ***Danaus plexippus*** 原产于北美，但通过跨越岛屿而分散于世界大部分地区，并可借船舶作为其中转站。20世纪，为了向墨西哥越冬迁飞，平均每年有超过2亿只君主斑蝶聚集。近年来杀虫剂的广泛使用使其种群数量大幅下降。

马拉巴尔帛斑蝶 ***Idea malabarica*** 分布于印度。这种大型蝴蝶以其优雅的飞行姿态而著称。在印度的雨林中，有时可见本种四五只排成一行翩飞。其近缘种分布遍及东洋界。

幻紫斑蝶 ***Euploea core*** 分布于印度至中国、印度尼西亚和澳大利亚。紫斑蝶属的种常几十只聚集在一起吸食花蜜或吸取植物茎秆渗出来的生物碱。有些种类的翅背面有蓝色的斑点或遍布有耀眼的紫蓝色光泽。

虎纹袖斑蝶 ***Lycorea halia*** 分布于墨西哥至秘鲁及亚马孙河流域。较大的体型、圆润的翅膀和后翅边缘的白色斑点使本种与其大多数拟态者区分开来。

多点袖斑蝶 ***Lycorea ilione*** 分布于墨西哥至秘鲁。上图展示的是一个亚种*L. ilione phenarete*，它拟态透翅绡蝶属*Methona*的透明翅膀。

绢斑蝶 ***Parantica aglea*** 分布于印度、尼泊尔至马来西亚半岛和中国。绢斑蝶属的42个种分布于热带亚洲和大洋洲。从植物茎和种荚中渗出的吡咯烷啶生物碱对雄性绢斑蝶有着强烈吸引力。

黑绢斑蝶 ***Parantica melaneus*** 分布于印度至中国及马来西亚。这种生活在云雾林中的蝴蝶的雄性会吸食潮湿岩石溶解出来的矿物质。

泛青斑蝶 ***Tirumala petiverana*** 分布于撒哈拉以南的非洲。和大多数有毒的斑蝶一样，泛青斑蝶也会被很多常见的无毒蝴蝶拟态，诸如豹纹青凤蝶*Graphium leonidas*和白斑圆蛱蝶*Euxanthe eurinome*。

啬青斑蝶 ***Tirumala septentrionis*** 分布于印度至马来西亚、菲律宾和印度尼西亚。本种后翅有一个半圆形的小囊，内含香鳞——一种能够释放性激素引诱雌蝶的特殊鳞片。

绡蝶族ITHOMIINI

这个仅分布在新热带界的族包含约320种。所有绡蝶都生活在温带或热带雨林中，并以其特有的缓慢振翅速度而闻名。有些种类具有橙色和黑色相间的虎纹图案，而有些则近乎完全透明。很多种类在这两种极端色型之间存在大量变型。鉴定绡蝶的最好方法还是仔细核查一些解剖特征，如翅脉、复眼、下唇须、足、触角以及翅上的图案。

所包含的属：三带绡蝶属*Aeria*、艾绡蝶属*Aremfoxia*、黄绡蝶属*Athesis*、蚀绡蝶属*Athyrtis*、短绡蝶属*Brevioleria*、斑绡蝶属*Callithomia*、蜡绡蝶属*Ceratinia*、泉绡蝶属*Dircenna*、黑绡蝶属*Elzunia*、神绡蝶属*Episcada*、曲绡蝶属*Epityches*、悠绡蝶属*Eutresis*、福绡蝶属*Forbestra*、鲛绡蝶属*Godyris*、黑脉绡蝶属*Greta*、海绡蝶属*Haenschia*、丛绡蝶属*Heterosais*、明绡蝶属*Hyalenna*、透绡蝶属*Hyaliris*、亮绡蝶属*Hypoleria*、细绡蝶属*Hyposcada*、闩绡蝶属*Hypothyris*、绡蝶属*Ithomia*、木绡蝶属*Mcclungia*、裙绡蝶属*Mechanitis*、大绡蝶属*Megoleria*、苹绡蝶属*Melinaea*、透翅绡蝶属*Methona*、娜绡蝶属*Napeogenes*、油绡蝶属*Oleria*、奥绡蝶属*Ollantaya*、浊绡蝶属*Olyras*、帕绡蝶属*Pachacutia*、俳绡蝶属*Pagyris*、派绡蝶属*Paititia*、竹绡蝶属*Patricia*、静绡蝶属*Placidina*、莹绡蝶属*Pseudoscada*、美绡蝶属*Pteronymia*、赛绡蝶属*Sais*、洒绡蝶属*Scada*、窗绡蝶属*Thyridia*、晓绡蝶属*Tithorea*、纹绡蝶属*Veladyris*、帷绡蝶属*Velamysta*。

草毛斑绡蝶 *Callithomia lenea* 分布于巴拿马至玻利维亚。是一种极其多变的蝴蝶，共有17个拟态其他绡蝶的亚种。上图中的*C. lenea methonella*亚种只分布于巴西东南部。

丽三带绡蝶 ***Aeria olena*** 分布于巴西。三带绡蝶属的3个种以其稳定的悬停飞行能力而著名。夜晚经常能看到这些蝴蝶在热带雨林里的林下灌丛内外轻盈穿梭。

湿地黑绡蝶 ***Elzunia humboldt*** 分布于哥伦比亚至秘鲁。这种蝴蝶拟态多彩袖蝶*Heliconius hecuba*，但是其向下弯曲的触角末端表明其为绡蝶而非袖蝶。

封神绡蝶 ***Episcada clausina*** 分布于厄瓜多尔至巴西东南部。神绡蝶属因其独具特色的后翅翅脉和浅黄色的股节而极易被识别。

神绡蝶 ***Episcada doto*** 分布于安第斯山脉、亚马孙河流域和巴西东南部。神绡蝶属20个种中的大多数翅上都带有浅黄色，这在本种尤为明显。

黄褐悠绡蝶 ***Eutresis hypereia*** 分布于哥斯达黎加至秘鲁及亚马孙河流域。这种大型蝴蝶与透翅绡蝶属*Methona*和窗绡蝶属*Thyridia*有着相似的图案，但有着烟色的翅和咖啡色的边缘。

曲绡蝶 ***Epityches eupompe*** 分布于巴西东南部。不同于大多数的绡蝶，曲绡蝶在阳光充沛时非常活跃。它经常访泽兰属*Eupatorium*植物的花。

黑缘鲛绡蝶 ***Godyris zavaleta*** 分布于墨西哥至玻利维亚及亚马孙河流域。鲛绡蝶属的10个种在外形上差异明显，黑缘鲛绡蝶是鲛绡蝶属最常见和最广布的一种。

黄斑黑脉绡蝶 ***Greta andromica*** 分布于墨西哥至秘鲁。黑脉绡蝶属目前有30个种，其中8个正在被命名和描述。

阿达亮绡蝶 ***Hypoleria adasa*** 分布于巴西东南部。在伊塔蒂亚亚（Itatiaia）的云雾林中，经常可见本种在路边的泽兰属*Eupatorium*植物上吸食花蜜。

树丛绡蝶 ***Heterosais edessa*** 分布于哥斯达黎加至亚马孙河流域。本种分布广泛，在低地雨林中单独活动。

亮绡蝶 ***Hypoleria sarepta*** 分布于亚马孙河流域。本种具橙色带纹的变型只见于哥伦比亚和厄瓜多尔。在其他地区分布的变型，其前翅中室前的区域透明或为近透明的白色。

闩绡蝶 ***Hypothyris ninonia*** 分布于安第斯山脉和亚马孙河流域。闩绡蝶属的18种在色型上多变，它们的翅通常具光泽，而且同其他绡蝶相比颜色更为柔和。

净绡蝶 ***Ithomia agnosia*** 分布于哥伦比亚至秘鲁和巴西。本种会吸食植物茎秆渗出来的生物碱以补充其毒性，而且这些生物碱还会在其体内再加工以合成性信息素。

埃维拉绡蝶 ***Ithomia avella*** 分布于委内瑞拉、哥伦比亚和厄瓜多尔。这种漂亮的绡蝶栖息于东安第斯山脉海拔1 500m（4 900ft）以上的云雾林中。

亮褐绡蝶 ***Ithomia hyala*** 分布于哥斯达黎加至厄瓜多尔。绡蝶属共22种。它们透明的翅通常略带蓝色或浅棕色，胸上具一簇橙色或褐色的毛。

伊非绡蝶 *Ithomia iphianassa* 分布于伯利兹至厄瓜多尔。分布于委内瑞拉的亚种有着与裙绡蝶属*Mechanitis*相似的虎斑。在巴拿马，*I. iphianassa panamensis*亚种的翅为黑色，散布着橙色和黄色。哥伦比亚有4个亚种，包括透翅的*I. iphianassa alienassa*亚种和上图中的*I. iphianassa phanessa*亚种。

彩裙绡蝶 *Mechanitis lysimnia* 分布于墨西哥至玻利维亚及亚马孙河流域。在阴天，这种常见的蝴蝶通常会从森林里来到路边的泽兰属*Eupatorium*植物上吸食花蜜。

奥大绡蝶 ***Megoleria orestilla*** 分布于哥伦比亚至玻利维亚。这种蝴蝶通常生活在云雾林树冠层，因而不太常见。

橙纹苲绡蝶 ***Melinaea ethra*** 分布于巴西东南部。苲绡蝶属共12种。一系列的特征，如翅顶角的独立斑点、翅边缘成对白色小点和暗色的触角使得本种极易被识别。

端刺透翅绡蝶 ***Methona curvifascia*** 分布于哥伦比亚至秘鲁。这种蝴蝶大而美艳，只能通过观察腹部特征才能将本种及其近缘种浑似透翅绡蝶*Methona confusa*区分开来，本种腹部末端具有伸出的小刺。

银娜绡蝶 ***Napeogenes inachia*** 分布于亚马孙河流域。娜绡蝶属的23个种在图案和颜色上变化很大。后翅的平行翅脉是该属一个识别特征。

油绡蝶 ***Oleria alexina*** 分布于东安第斯山脉和亚马孙河上游地区。油绡蝶属共44种，从墨西哥到巴西东南部均有分布。

基油绡蝶 ***Oleria cyrene*** 分布于厄瓜多尔至秘鲁。这是一种十分美丽的、大型的蝴蝶，生活在海拔1 200~2 000 m（3 940~6 560ft）的云雾林中。

帕迪拉油绡蝶 ***Oleria padilla*** 分布于厄瓜多尔至玻利维亚。是东安第斯山脉最常见的绡蝶之一。油绡蝶属的大多数种类在前翅翅室有横贯的深色条纹。

静绡蝶 ***Placidina euryanassa*** 分布于巴西东南部。较大的体型、圆弧形的翅和显眼的白色斑点使这种可爱的蝴蝶得以与其相近的苹绡蝶属*Melinaea*和闩绡蝶属*Hypothyris*的种类区分开来。

希罗美绡蝶 ***Pteronymia sylvo*** 分布于阿根廷和巴西东南部。美绡蝶属后翅翅室的形状非常特殊。美绡蝶属主要分布在安第斯山脉，但在整个新热带界都有分布。

阿奇拉莹绡蝶 ***Pseudoscada acilla*** 分布于巴西。这种蝴蝶经常在大西洋沿岸热带雨林的路边吸食泽兰属*Eupatorium*植物的花蜜。

雷洒绡蝶 ***Scada reckia*** 分布于亚马孙河流域和东安第斯山脉。在林中空地通常见到这些漂亮的小蝴蝶几十只聚在一起，吸食泽兰属*Eupatorium*植物的花蜜。

红裙晓绡蝶 ***Tithorea harmonia*** 分布于墨西哥至巴西南部。本种雄蝶经常被见到吸食鸟粪。这是亚马孙河流域非常常见的一种蝴蝶。

纹绡蝶 ***Veladyris pardalis*** 分布于厄瓜多尔和秘鲁。这种漂亮的大型蝴蝶大多数时间都在安第斯山脉东麓云雾林的树冠层中部活动。

澳绡蝶族TELLERVINI

澳绡蝶族共7种，分布于新几内亚岛、所罗门群岛、新不列颠岛、新爱尔兰岛和澳大利亚。分布于澳大利亚昆士兰和新几内亚岛的澳绡蝶*Tellervo zoilus*是它们当中最著名的种类，它有着圆弧形的黑色翅膀，后翅上有一个大的白色半透明斑纹，翅边缘有一系列只从翅腹面可见的白色斑点。

所包含的属： 澳绡蝶属*Tellervo*。

(二二) 袖蝶亚科
Heliconiiae

这个种类多样的亚科包含了546个种，集中分布在新热带界，但在北美洲和大多数旧世界的温带和热带地区也有分布。

珍蝶族ACRAEINI

珍蝶族315种蝴蝶中的大多数对鸟类来说都是有毒的，它们会从幼虫期的寄主植物中获取并保存生氰糖苷。该族集中分布在非洲，但有51个种分布在新热带界，还有一小部分分布在旧世界。

所包含的属：斑珍蝶属*Abananote*、珍蝶属*Acraea*、束珍蝶属*Actinote*、黑珍蝶属*Altinote*、锯蛱蝶属*Cethosia*、弭珍蝶属*Miyana*、鹿珍蝶属*Pardopsis*。

艾斑珍蝶 ***Abananote erinome*** 分布于厄瓜多尔、秘鲁和玻利维亚。这种小型蝴蝶原产于东安第斯山脉的云雾林。斑珍蝶属共5种。

侠女珍蝶 ***Acraea alciope*** 分布于塞拉利昂至乌干达西部。珍蝶属在非洲有246种，东洋界有2种，澳大利亚有1种。

小珍蝶 ***Acraea bonasia*** 分布于非洲南部至安哥拉和赞比亚。在旱季这种蝴蝶有时会几百只聚集在水洼周围。

暗基珍蝶 ***Acraea endoscota*** 分布于撒哈拉以南的非洲。珍蝶属大部分种类的翅腹面为浅粉色或橙色，饰有深色斑点和“V”形线纹。

苎麻珍蝶 ***Acraea issoria*** 分布于印度锡金至中国、马来西亚和印度尼西亚。这种可爱的蝴蝶飞起来柔弱而又非常警惕。有时会几百只聚集在炎热的树丛繁盛的山谷里。

白斑褐珍蝶 ***Acraea lycoa*** 分布于塞拉利昂至坦桑尼亚。珍蝶属的蝴蝶翅上的鳞片都比较分散且容易脱落，使得它们的翅看上去有种半透明玻璃状的感觉。

拟雅贵珍蝶 ***Acraea pseudegina*** 分布于塞内加尔至坦桑尼亚西北部。是珍蝶属较大型的种之一，见于热带草原和干燥林混合区。

轻衣线珍蝶 ***Acraea vestalis*** 分布于塞内加尔至乌干达。生活在初级的和退化的热带雨林中。曾被归在线珍蝶属*Bematistes*中。

斑珍蝶 ***Acraea violae*** 分布于印度和斯里兰卡。是一种分布在热带草原或灌木林中的蝴蝶，在旱季的时候数量很多。

黄带束珍蝶 ***Actinote anteas*** 分布于墨西哥至玻利维亚。束珍蝶属包含了36种鳞片稀薄的蝴蝶，它们喜欢吸食泽兰属*Eupatorium*或黄菀属*Senectio*植物的花蜜。

双纹黑珍蝶 ***Altinote dicaeus*** 分布于哥伦比亚至秘鲁。这种蝴蝶经常几百只聚集在潮湿的路面上吸水。当它们全神贯注时会忽视危险的存在，在安第斯山每年都有上千只双纹黑珍蝶被车轧死。

黑红黑珍蝶 ***Altinote momina*** 分布于秘鲁境内的安第斯山脉。黑珍蝶属的后翅翅室均为闭合的。某些颚蛱蝶属*Gnatotriche*的种有着相似的翅腹面，但后者的翅室是开放的。

半红黑珍蝶 ***Altinote stratonice*** 分布于墨西哥至厄瓜多尔。黑珍蝶属蝴蝶鲜亮的颜色用来警示鸟类它们有毒。所有珍蝶的幼虫、蛹和成虫都含有很强的毒素。

鸥黑珍蝶 ***Altinote ozomene*** 分布于墨西哥至玻利维亚。这种美艳的蝴蝶经常出现在湿气较大的阴天早晨，几十只聚集在安第斯山溪流旁边的潮湿沙地上。

白带锯蛱蝶 ***Cethosia cyane*** 分布于印度、缅甸和泰国。与其他珍蝶和袖蝶一样，白带锯蛱蝶的幼虫以西番莲科Passifloraceae植物为食。

红锯蛱蝶 ***Cethosia biblis*** 分布于印度至马来西亚、菲律宾和印度尼西亚。锯蛱蝶属20种艳丽的蝴蝶和其他珍蝶区别很大，它们通常在热带雨林开阔的林冠层单独行动。

豹蛱蝶族ARGYNNINI

大多数豹蛱蝶的翅为黄褐色并带有黑色斑点。它们主要产于全北界的温带草地和森林。豳蛱蝶属*Euptoieta*和伊豹蛱蝶属*Yramea*是例外，它们分别产于中美洲和安第斯山脉。

所包含的属：豹蛱蝶属*Argynnis*、斐豹蛱蝶属*Argyreus*、宝蛱蝶属*Boloria*、小豹蛱蝶属*Brenthis*、珍蛱蝶属*Clossiana*、青豹蛱蝶属*Damora*、豳蛱蝶属*Euptoieta*、福蛱蝶属*Fabriciana*、珠蛱蝶属*Issoria*、铂蛱蝶属*Proclossiana*、斑豹蛱蝶属*Speyeria*、伊豹蛱蝶属*Yramea*。

绿豹蛱蝶 *Argynnis paphia* 分布于欧洲和温带亚洲。这种标志性的林地蝴蝶喜访蓟花。在目前的分类系统下，豹蛱蝶属只有3个种：云豹蛱蝶*Argynnis anadyomene*、潘豹蛱蝶*Argynnis pandora*和绿豹蛱蝶*Argynnis paphia*。

潘豹蛱蝶 ***Argynnis pandora*** 分布于欧洲南部、北非和温带亚洲。本种后翅腹面为绿色，带有银色条纹。

斐豹蛱蝶 ***Argynnis hyperbius*** 分布于埃塞俄比亚、印度至中国、马来西亚、印度尼西亚和澳大利亚。主要活动于丘陵地区的森林和云雾林中。

女神宝蛱蝶 ***Boloria dia*** 分布于欧洲和温带亚洲。宝蛱蝶属*Boloria*和珍蛱蝶属*Clossiana*互为异名。它们一共包括了50种分布在北半球温带地区的蝴蝶。

卵宝蛱蝶 ***Boloria euphrosyne*** 分布于欧洲至俄罗斯。这种在春季发生的漂亮蝴蝶常在草地、开阔的林地和林间空地活动。本种种名指希腊女神欧芙洛绪涅。

北冷宝蛱蝶 ***Boloria selene*** 分布于欧洲、温带亚洲和北美洲。其俗名“小珍珠豹纹蝶”（Small Pearl-Bordered Fritillary）来源于其翅腹面边缘的银色新月形斑。

欧洲小豹蛱蝶 ***Brenthis hecate*** 分布于欧洲、温带亚洲至西西伯利亚。在包括草甸和灌丛草地在内的林缘地区活动。

伊诺小豹蛱蝶 ***Brenthis ino*** 分布于欧洲中部和温带亚洲。这种常见的蝴蝶在潮湿的草地和开满花的林间空地活动。

灿福蛱蝶 ***Fabriciana adippe*** 分布于欧洲和温带亚洲。福蛱蝶属的11种蝴蝶与豹蛱蝶属*Argynnis*的区别在于它们的翅更圆。

珠蛱蝶 ***Issoria lathonia*** 分布于欧洲和温带亚洲。珠蛱蝶属的5种蝴蝶后翅腹面饰有大的银色斑点。

铂蛱蝶 ***Proclossiana eunomia*** 分布于欧洲、温带亚洲和加拿大。这种不太常见的蝴蝶栖息于亚北极沼泽或山地环境中。

银斑豹蛱蝶 ***Speyeria aglaia*** 分布于欧洲和温带亚洲。斑豹蛱蝶属的29个种大多数在外形上和本种很相近。唯一的例外是北美洲的绿带斑豹蛱蝶*S. diana*，其雌蝶翅背面为黑色，带有蓝色斑点和条纹。

袖蝶族HELICONIINI

袖蝶族分布于新热带界，共71种，其典型特征包括细长的前翅、长而直的触角和优雅的空中悬飞姿态。

所包含的属：银纹红袖蝶属*Agraulis*、银纹袖蝶属*Dione*、环袖蝶属*Dryadula*、珠袖蝶属*Dryas*、佳袖蝶属*Eueides*、袖蝶属*Heliconius*、聂袖蝶属*Neruda*、绿袖蝶属*Philaethria*、带袖蝶属*Podotricha*。

银纹红袖蝶 ***Agraulis vanilla*** 分布于美国佛罗里达至中美洲、加勒比海、安第斯山脉和亚马孙河流域。与银纹红袖蝶属近缘的银纹袖蝶属*Dione*的种类翅腹面也具有金属银色的斑纹。

波黑银纹袖蝶 *Dione glycera* 分布于哥伦比亚和委内瑞拉。本种栖息于东安第斯山脉的云雾林和高海拔的低矮灌木丛。

天后银纹袖蝶 *Dione juno* 分布于墨西哥至巴拉圭。是一种常见的漂亮蝴蝶，经常可见它们在安第斯山脉的瀑布、溪流旁或在靠近水源的路边。

环袖蝶 *Dryadula phaetusa* 分布于墨西哥至玻利维亚。常在热带雨林的林间空地、开阔的落叶林或粗草牧场活动。雄蝶常在圆木或岩石上取暖，受到惊扰后会反复回到同一地点。

伊莎佳袖蝶 *Eueides isabella* 分布于墨西哥至亚马孙河流域，一些佳袖蝶属的种类，如利比佳袖蝶*E. libitina*、线佳袖蝶*E. lineata*和橙红佳袖蝶*E. aliphera*看上去像缩小版的珠袖蝶*Dryas iulia*。其他如伊莎佳袖蝶*E. isabella*、雷母佳袖蝶*E. lampeto*和普罗佳袖蝶*E. procula*则拟态有毒的虎斑型绡蝶。

珠袖蝶 ***Dryas iulia*** 分布于美国佛罗里达至亚马孙河流域。雄蝶常在河边沙堤聚集吸水。它们还以吸食凯门鳄和乌龟的眼泪而著名。

黄条袖蝶 ***Heliconius charithonia*** 分布于美国南部至哥伦比亚。这种来自中美洲的常见蝴蝶有着独特的斑马条纹。

箭斑袖蝶 ***Heliconius clysonymus*** 分布于哥斯达黎加至秘鲁。本种翅上的红色面积在不同种群间变化很大，尤其是在哥伦比亚，有些变型为全黑的后翅。

青衫黄袖蝶 ***Heliconius cydno*** 分布于墨西哥至厄瓜多尔。本种有时会和其近缘种伊鲁袖蝶*H. eleuchia*混淆，这两种蝴蝶常在同一地区活动。

伊鲁袖蝶 ***Heliconius eleuchia*** 分布于哥斯达黎加至厄瓜多尔。来自厄瓜多尔和哥斯达黎加的标本后翅上的白色边缘比上图中所示的来自哥伦比亚的标本更宽。

艺神袖蝶 ***Heliconius erato*** 分布于中美洲、安第斯山脉、亚马孙河流域和乌拉圭南部。艺神袖蝶的28个亚种在颜色和图案上有着极大的变化。

拴袖蝶 ***Heliconius sara*** 分布于墨西哥至秘鲁及亚马孙河流域。本种蝴蝶与华莱士袖蝶*H. wallacei*的区别在后翅腹面。拴袖蝶翅腹面基部有一簇红色斑点，而在华莱士袖蝶中这些斑点聚合成一条红色条纹。

白顶袖蝶 ***Heliconius ethilla*** 分布于巴拿马至秘鲁及亚马孙河流域。很多袖蝶，如白顶袖蝶*H. ethilla*、幽袖蝶*H. hecale*和羽衣袖蝶*H. numata*有很多拟态同地区的晓绡蝶属*Tithorea*和裙绡蝶属*Mechanitis*蝴蝶的变型。

红带袖蝶 *Heliconius melpomene* 分布于中美洲、亚马孙河流域和安第斯山脉。红带袖蝶的28个亚种能够拟态艺神袖蝶的系列亚种。上图中所示的红带袖蝶的*H. melpomene cythera*亚种与分布于厄瓜多尔西部同一地区的艺神袖蝶*H. erato cyrbia*亚种几乎完全一样。

黄斑扇袖蝶 *Heliconius xanthocles* 分布于东安第斯山脉和亚马孙河流域。还有其他一些种类与黄斑扇袖蝶的图案相近，如阿斯袖蝶*H. astraea*、布尔袖蝶*H. burneyi*、多美袖蝶*H. demeter*、艳丽袖蝶*H. elevatus*及一些艺神袖蝶*H. erato*和红带袖蝶*H. melpomene*的亚种。

双红袖蝶 ***Heliconius telesiphe*** 分布于厄瓜多尔至玻利维亚。第一眼看到双红袖蝶可能会将其与双红带袖蝶*Podatricha telesiphe*混淆，后者前翅角状，中室有一条较长的红色条纹。

绿袖蝶 ***Philaethria dido*** 分布于秘鲁。绿袖蝶的分布范围还不是很明确，因为还有9种看上去和它几乎相同的绿袖蝶属的其他蝴蝶。

双红带袖蝶 ***Podotricha telesiphe*** 分布于厄瓜多尔、秘鲁和玻利维亚。这种分布于云雾林的蝴蝶前翅角状，这与袖蝶属的种类截然不同。其近缘种带袖蝶*P. judith*与其翅的形状相同，但有着橙色、黑色相间的虎斑。

彩蛱蝶族VAGRANTINI

彩蛱蝶族主要包括一些分布在东南亚的属。它被认为与主要分布在全北区的豹蛱蝶族Argynnini互为姊妹群。

所包含的属： 鸦蛱蝶属*Algia*、阿里蛱蝶属*Algiachroa*、辘蛱蝶属*Cirrochroa*、襟蛱蝶属*Cupha*、茸翅蛱蝶属*Lachnoptera*、珐蛱蝶属*Phalanta*、森蛱蝶属*Smerina*、帖蛱蝶属*Terinos*、彩蛱蝶属*Vagrans*、文蛱蝶属*Vindula*。

辘蛱蝶 *Cirrochroa aoris* 分布于印度东北部、不丹和缅甸。辘蛱蝶属共有18个种，15个分布于东洋界，3个分布于新几内亚岛。

埃玛辘蛱蝶 ***Cirrochroa emalea*** 分布于泰国、马来西亚、巴拉望岛和印度尼西亚。这种常见的蝴蝶常在热带雨林低处的叶片上晒太阳。

安茸翅蛱蝶 ***Lachnoptera anticlia*** 分布于塞拉利昂至乌干达。在非洲的热带雨林里，本种经常几十只聚集在潮湿的地上吸取水分。

艾乌珐蛱蝶 ***Phalanta eurytis*** 分布于撒哈拉以南的非洲和马达加斯加。是一个广布种，主要见于次生林环境中。

珐蛱蝶 ***Phalanta phalantha*** 分布于非洲、马达加斯加、巴基斯坦至越南、马来西亚、菲律宾、印度尼西亚、新几内亚岛和澳大利亚北部。是旧世界热带地区分布最广的蝴蝶之一。

紫彩帖蛱蝶 ***Terinos terpander*** 分布于缅甸至马来西亚及印度尼西亚。帖蛱蝶属的10个种翅背面为深褐色并带有深紫色鳞片。

彩蛱蝶 ***Vagrans egista*** 分布于印度至越南、马来西亚、菲律宾、印度尼西亚和澳大利亚。这种蝴蝶喜欢岩石较多的林缘地区，以便于它们从潮湿的地面上吸取水分。

迪氏文蛱蝶 ***Vindula dejone*** 分布于马来西亚、菲律宾和印度尼西亚。本种是一种色彩鲜艳的蝴蝶，在热带亚洲常在沙洲上吸食溶解的矿物质。

文蛱蝶 ***Vindula erota*** 分布于印度至中国、马来西亚、菲律宾和印度尼西亚。雌蝶灰绿色，有一条纯白色带纹，内饰有一系列深色“V”形斑。

（二三）喙蝶亚科
Libytheinae

(无族级划分)

喙蝶亚科位于蛱蝶科系统发育树的基部。它们被称为喙蝶，是指其圆锥状的下唇须，很长并向前突出。雌蝶有3对发育完全的足，但雄蝶的前足很大程度地缩短，不能用于行走。

所包含的属：喙蝶属*Libythea*、美喙蝶属*Libytheana*。

非洲喙蝶 *Libythea labdaca* 分布于撒哈拉以南的非洲。这种具有迁飞习性的蝴蝶经常数百只聚集在水洼周围。喙蝶属有9个种，分布于非洲至印度、东南亚和澳大利亚。

卡丽美喙蝶 *Libytheana carinenta* 分布于美国加利福尼亚至巴西。美喙蝶属还有其他3个种，分布于古巴、伊斯帕尼奥拉岛、牙买加和波多黎各。

（二四）线蛱蝶亚科
Limenitidinae

该亚科包含1 068个种，在热带雨林中具有最大的多样性，但在全世界的温带地区都有分布。这类蝴蝶以其优雅的飞行姿态而闻名，起先会有一小段“爆发式”地扇动翅膀以提升高度，随后会有长时间的滑行，展开双翅不动在空中盘旋。

翠蛱蝶族ADOLIADINI

翠蛱蝶族只分布于非洲和东洋界。

所包含的属：婀蛱蝶属*Abrota*、静蛱蝶属*Aterica*、贝蛱蝶属*Bassarona*、舟蛱蝶属*Bebearia*、珂蛱蝶属*Catuna*、簇蛱蝶属*Cynandra*、绿蛱蝶属*Dophla*、栎蛱蝶属*Euphaedra*、幽蛱蝶属*Euriphene*、俏蛱蝶属*Euptera*、奇蛱蝶属*Euryphaedra*、肋蛱蝶属*Euryphura*、翠蛱蝶属*Euthalia*、普翠蛱蝶属*Euthaliopsis*、星点蛱蝶属*Hamanumida*、崖蛱蝶属*Harmilla*、律蛱蝶属*Lexias*、点蛱蝶属*Neurosigma*、伪豹蛱蝶属*Pseudargynnis*、屏蛱蝶属*Pseudathyma*、聚蛱蝶属*Symphaedra*、玳蛱蝶属*Tanaecia*。

斑静蛱蝶 *Aterica galene* 分布于撒哈拉以南的非洲一直到津巴布韦。是非洲森林中最常见的蝴蝶之一，经常吸食落在林道上的果实。

铜绿舟蛱蝶 *Bebearia barce* 分布于塞拉利昂至刚果和乌干达。大多数舟蛱蝶属的蝴蝶翅腹面具保护色，有些种类和栎蛱蝶属*Euphaedra*的种类相似，翅腹面有着耀眼的黄色。

慧舟蛱蝶 ***Bebearia sophus*** 分布于塞内加尔至乌干达。雄蝶如上图所示。雌蝶为金属蓝色并带有一条贯穿前翅的浅黄色带纹。

黄波舟蛱蝶 ***Bebearia oxione*** 本种翅背面和双星舟蛱蝶*B. tentyris*一样带有斑点，但底色为深橙棕色。

舟蛱蝶属新种 ***Bebearia*** **sp. nov** 分布于加纳。这种尚未被描述的蝴蝶翅上鲜明的粉色与同属其他蝴蝶截然不同。

双星舟蛱蝶 *Bebearia tentyris* 分布于科特迪瓦至刚果。是非洲西部森林里的常见蝴蝶。雄蝶如上图所示。雌蝶为深褐色，带有浅黄色斑纹。

褐纹舟蛱蝶 *Bebearia zonara* 分布于塞拉利昂至乌干达西部。包括本种在内的很多舟蛱蝶的雌蝶有着和珂蛱蝶属*Catuna*相似的奶油色和棕色斑纹。雄蝶与黄波舟蛱蝶*B. oxione*和双星舟蛱蝶*B. tentyris*相似。

珂蛱蝶 *Catuna crithea* 分布于塞拉利昂至赞比亚。是一种很机警的蝴蝶，会在热带雨林的林道中贴地快速飞行。它们会经常停歇，但时刻保持警惕。

奥珂蛱蝶 *Catuna obertheuri* 分布于塞拉利昂至刚果及乌干达。珂蛱蝶属的5个种都分布于非洲界。

蜡栎蛱蝶 ***Euphaedra ceres*** 分布于塞拉利昂至刚果。有人估计非洲的栎蛱蝶属可能多达210种，还有人认为这其中很多都是杂交种、亚种或者种内变型。

克罗栎蛱蝶 ***Euphaedra crockeri*** 分布于塞内加尔至加纳。栎蛱蝶属的大多数种翅腹面为黄色，带有黑色斑点。除了克罗栎蛱蝶*E. crockeri*，还有很多种类如加尼栎蛱蝶*E. janetta*、粉基栎蛱蝶*E. sarcoptera*翅基部具有鲜明的粉红色斑块。

爱德华栎蛱蝶 ***Euphaedra edwardsii*** 分布于利比里亚至刚果。这种华丽的蝴蝶带有虹彩的青铜色，它们会在西非热带雨林斑驳的阳光下贴近地面飞行，以搜寻落到地上的水果。

黄褐栎蛱蝶 ***Euphaedra eleus*** 分布于塞拉利昂至乌干达。至少有10种蝴蝶和本种色系基本相同，包括简易栎蛱蝶*E. simplex*、拉脱莱栎蛱蝶*E. rattrayi*、粗刺栎蛱蝶*E. ruspina*及棕斑栎蛱蝶*E. ferruginea*。

绿村栎蛱蝶 ***Euphaedra harpalyce*** 分布于几内亚至肯尼亚。绿村栎蛱蝶及其近似种大褐栎蛱蝶*E. eupalus*在撒哈拉以南的非洲很常见。

粉晕栎蛱蝶 ***Euphaedra hebes*** 分布于加纳至喀麦隆。本种翅腹面漂亮的粉色在红衬裙栎蛱蝶*E. xypete*等其他几个种中也有发现。

黄眉栎蛱蝶 ***Euphaedra medon*** 分布于冈比亚至肯尼亚。像很多其他雨林蝴蝶一样，本种具有雌雄异型现象。雄蝶为荧光蓝绿色，雌蝶为浅粉色和橙色，它们经常在森林地面上有阳光的地方晒太阳。

加尼栎蛱蝶 ***Euphaedra medon*** 分布于塞拉利昂至刚果。这种漂亮的蝴蝶是非洲西部和中部热带雨林地带的常见种。

红带栎蛱蝶 ***Euphaedra perseis*** 分布于几内亚至加纳。红带栎蛱蝶和其他几个近似种拟态一种有毒的昼行性尺蛾*Aletis helcita*。

暗绿栎蛱蝶 ***Euphaedra phaetusa*** 分布于几内亚至多哥。雄蝶为具光泽的深绿色，而雌蝶为浅蓝色。

镶珠栎蛱蝶 ***Euphaedra zampa*** 分布于塞拉利昂至加纳。和其他生活在森林里的蝴蝶一样，镶珠栎蛱蝶会沿林道往复飞行，有时可见它们吸食无花果或其他落到地上的水果汁液。

双幽蛱蝶 ***Euriphene ampedusa*** 分布于塞内加尔至尼日利亚。本种翅腹面的图案是幽蛱蝶属76个种的典型图案。

巴罗幽蛱蝶 ***Euriphene barombina*** 分布于科特迪瓦至安哥拉、刚果和乌干达。这种广布的蝴蝶会沿着林道轻快飞行，会短暂停息在斑驳的阳光下晒太阳。

幽蛱蝶 ***Euriphene coerulea*** 分布于利比里亚至加纳。当阳光以特定角度照到其翅面上时会呈现出漂亮的紫色光泽。

冈比亚幽蛱蝶 ***Euriphene gambiae*** 分布于几内亚至安哥拉、刚果和乌干达，本种翅腹面显著的大理石花纹在幽蛱蝶属中是独一无二的。

金肋蛱蝶 ***Euryphura chalcis*** 分布于塞内加尔至刚果（金）。这种漂亮蝴蝶的底色变化较大，从棕色到橄榄色或浅粉蓝色。

多哥肋蛱蝶 ***Euryphura togoensis*** 分布于加纳、多哥和科特迪瓦。在西非热带雨林中，雌蝶和雄蝶都会造访落到地上的腐烂的水果。

珐琅翠蛱蝶 ***Euthalia franciae*** 分布于尼泊尔、不丹和缅甸。翠蛱蝶属的60个种飞行能力都很强。大部分时间它们都在树冠层活动，但有时会在炎热的下午落到潮湿的地面上吸食水分。

暗斑翠蛱蝶 ***Euthalia monina*** 分布于印度至中国、马来西亚和印度尼西亚。雌蝶色泽平淡无奇，而雄蝶则十分好看，密布浅绿色的鳞片。

星点蛱蝶 ***Hamanumida daedalus*** 分布于非洲大陆和马达加斯加。这种蝴蝶生活在热带草原上，翅上的图案让人联想起珍珠鸡的羽毛。

黑角律蛱蝶 ***Lexias dirtea*** 分布于印度至越南、马来西亚、巴拉望岛和印度尼西亚。这种惊艳的蝴蝶的雄蝶翅上有小的白色斑点，后翅翅缘还有一条宽阔的蓝色带纹。

绿裙玳蛱蝶 ***Tanaecia julii*** 分布于印度锡金至中国南部、马来西亚和苏门答腊岛。玳蛱蝶属蝴蝶的雄蝶在翅外缘有一条天鹅绒质感的蓝色或绿色带纹。雌蝶棕色，杂乱分布着一些白色条纹和黑色“V”形斑。

分类地位未定

以下几个属暂时不确定是该归入翠蛱蝶族ADOLIADINI、线蛱蝶族LIMENITIDINI还是环蛱蝶族NEPTINI。所以暂时把它们列为“分类地位未定”。

所包含的属：漪蛱蝶属*Cymothoe*、良波蛱蝶属*Harma*、黎蛱蝶属*Lebadea*、伪珍蛱蝶属*Pseudacraea*、伪环蛱蝶属*Pseudoneptis*、瑟蛱蝶属*Seokia*。

埃漪蛱蝶 *Cymothoe althea* 分布于利比里亚至喀麦隆。漪蛱蝶属有76个种，分布于非洲热带雨林地带。它们颜色多变，如埃漪蛱蝶*C. althea*为苍白色，褐条漪蛱蝶*C. egesta*为黄色，橙漪蛱蝶*C. mabillae*为橙色，血漪蛱蝶*C. sangaris*为红色。

褐条漪蛱蝶 *Cymothoe egesta* 分布于塞拉利昂至乌干达。雄蝶如上图所示。雌蝶深棕色，翅中部偏后的位置有一条略显白色的窄带纹。

福满漪蛱蝶 *Cymothoe fumana* 分布于几内亚至刚果（金）。本种蝴蝶因其圆齿状的翅缘而极易与其他黄色的漪蛱蝶区分开来。

叠波漪蛱蝶 *Cymothoe jodutta* 分布于利比里亚至乌干达。这类蝴蝶大多数时间在树冠层活动，但也会飞下来吸食落到地上的杧果或无花果中的含糖汁液。

马贝雷漪蛱蝶 ***Cymothoe mabillei*** 分布于塞内加尔至多哥。漪蛱蝶属的雌雄异型现象非常明显。本种和血漪蛱蝶*C. sangaris*的雄蝶是鲜艳的红色，但雌蝶为苍白色并带有漂亮的深色斑纹。

良波蛱蝶 ***Harma theobene*** 分布于利比里亚至马拉维及肯尼亚。这种蝴蝶和漪蛱蝶属*Cymothoe*的种很相近，但翅明显呈角状。

黎蛱蝶 ***Lebadea martha*** 分布于印度和尼泊尔至中国南部、马来西亚和婆罗洲。具有白色带纹的锈色翅膀使得这种漂亮的蝴蝶绝不会被认错。

玉斑伪珍蛱蝶 ***Pseudacraea lucretia*** 分布于撒哈拉以南的非洲和马达加斯加。这是伪珍蛱蝶属24个种中最常见和最广布的种。

多斑伪珍蛱蝶 ***Pseudacraea semire*** 分布于塞拉利昂至乌干达。伪珍蛱蝶属的多数种拟态有毒的斑蝶或珍蝶，但多斑伪珍蛱蝶的图案却是非常独特的。

华伪珍蛱蝶 ***Pseudacraea warburgi*** 分布于利比里亚至喀麦隆和刚果金。这种惊艳的蝴蝶看上去像是珍蝶属*Acraea*和肋蛱蝶属*Euryphura*的结合体。

布干达伪环蛱蝶 ***Pseudoneptis bugandensis*** 分布于塞拉利昂至刚果和肯尼亚。这种蝴蝶飞起来时会呈现出一点蓝色。早期的形态学研究认为伪环蛱蝶属可能可以单独作为一个族。

线蛱蝶族LIMENITIDINI

线蛱蝶族包含了209个种。该族主要分布在新热带界，但在东洋界也有较多的种类，还有一小部分来自欧洲、非洲和华莱士线以西的印度尼西亚。

所包含的属：悌蛱蝶属*Adelpha*、带蛱蝶属*Athyma*、奥蛱蝶属*Auzakia*、耙蛱蝶属*Bhagadatta*、姹蛱蝶属*Chalinga*、谷蛱蝶属*Kumothales*、喇嘛蛱蝶属*Lamasia*、累积蛱蝶属*Lelecella*、线蛱蝶属*Limenitis*、缕蛱蝶属*Litinga*、穆蛱蝶属*Moduza*、潘迪蛱蝶属*Pandita*、俳蛱蝶属*Parasarpa*、葩蛱蝶属*Patsuia*、肃蛱蝶属*Sumalia*、带蛱蝶属*Tacoraea*、塔蛱蝶属*Tarattia*。

贾斯廷悌蛱蝶 ***Adelpha justina*** 分布于委内瑞拉至玻利维亚。悌蛱蝶属共85种，其中大多数在后翅有一条白色带纹，但只有本种、白眼悌蛱蝶*A. leucophthalma*和珍悌蛱蝶*A. zina*是一个白色斑点。

白眼悌蛱蝶 ***Adelpha leucophthalma*** 分布于尼加拉瓜至秘鲁。本种翅背面与贾斯廷悌蛱蝶*Adelpha justina*相似，但后者后翅上的白斑更大、更长。

白链悌蛱蝶 ***Adelpha alala*** 分布于哥伦比亚至玻利维亚和阿根廷。这种生活在云雾林的蝴蝶在海拔1 200~2 200 m（3 940~7 220ft）非常常见。

神女悌蛱蝶 ***Adelpha cytherea*** 分布于中美洲、亚马孙河流域和安第斯山脉。不同亚种的白色和橙色带纹宽度不同。

金莲悌蛱蝶 ***Adelpha capucinus*** 分布于亚马孙河流域和安第斯山脉。悌蛱蝶属有很多相似的种，所以鉴别这些种需要仔细检视翅膀背腹两面的图案。

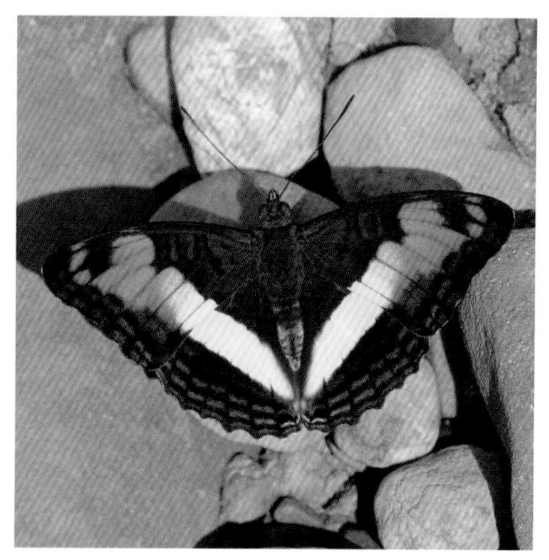

情人悌蛱蝶 ***Adelpha erotia*** 分布于尼加拉瓜至玻利维亚。在安第斯山脉，这种蝴蝶有两个变型，*lerna*变型（左图）和*erotia*变型（右图），它们经常在一起飞行。

乔丹悌蛱蝶 ***Adelpha jordani*** 分布于厄瓜多尔、秘鲁和玻利维亚。本种经常和其他悌蛱蝶聚集在亚马孙河岸边。

莱浮娜悌蛱蝶 ***Adelpha levona*** 只分布于哥伦比亚。高海拔地区的悌蛱蝶，如本种和细白悌蛱蝶*A. olynthia*，翅上的带纹会比低海拔地区种类的窄很多。

悌蛱蝶 ***Adelpha mesentina*** 分布于亚马孙河流域。这种华丽的蝴蝶经常在低平的河滩上晒太阳、吸水。

粉带悌蛱蝶 ***Adelpha lycorias*** 分布于墨西哥至玻利维亚、巴拉圭、阿根廷和巴西东南部。分布在哥伦比亚的*A. lycorias wallisii*亚种翅上通常的漂亮的粉色被白色所替代。

梅桑悌蛱蝶 ***Adelpha messana*** 分布于危地马拉和玻利维亚。本种极易与其他几种蝴蝶混淆，因而在鉴别的时候检视翅腹面的图案是极为必要的。

细白悌蛱蝶 ***Adelpha olynthia*** 分布于哥伦比亚至玻利维亚。本种分布在安第斯山脉东麓海拔800~2 000m（2 625~7 220ft）的云雾林中。

花黄悌蛱蝶 ***Adelpha saundersii*** 分布于哥伦比亚至玻利维亚，是安第斯山脉的常见种，通常在流动的山间溪水附近活动。

蛇纹悌蛱蝶 ***Adelpha serpa*** 分布于墨西哥至巴西东南部。本种蝴蝶翅腹面的图案非常美丽。

希梅悌蛱蝶 ***Adelpha ximena*** 分布于东安第斯山脉和亚马孙河流域。具圆齿的翅缘和较大的橙色三角形斑是本种蝴蝶最易识别的特征。

玄珠带蛱蝶 ***Athyma perius*** 分布于印度、尼泊尔至中国西南部、马来西亚和印度尼西亚。这种蝴蝶翅腹面的漂亮图案是带蛱蝶属的典型特征。

伊纳拉带蛱蝶 ***Athyma inara*** 分布于印度东北部、尼泊尔和缅甸。带蛱蝶属的43个种与环蛱蝶属*Neptis*的种类很相近，但看上去更强健且飞行更有力。

离斑带蛱蝶 ***Athyma ranga*** 分布于印度、尼泊尔、缅甸、老挝、泰国和马来半岛。雄蝶前翅具有蓝色光泽。

奥蛱蝶 ***Auzakia danava*** 分布于印度至中国西南部、马来西亚和苏门答腊岛。翅上精致的橄榄色和巧克力色色调使本种蝴蝶极易被辨别。

姹蛱蝶 ***Chalinga elwesi*** 分布于中国西部。这种蝴蝶栖息在温带的森林中。其翅腹面非常好看，具有由橙色、灰色和白色构成的图案。

拟斑蛱蝶 ***Limenitis arthemis*** 分布于北美洲。上图所示的是来自亚利桑那的*L. arthemis astyanax*亚种。另外一个亚种*L. arthemis rubrofasciata*分布于加拿大，这一亚种有一条明显的贯穿翅面的白色带纹，因而又被称为“加拿大白蛱蝶”（Canadian White Admiral）。

红线蛱蝶 ***Limenitis populi*** 分布于欧洲和温带亚洲。这种蝴蝶飞行速度很快，它能沿着整条林道飞行且中间不会停歇。

丫纹俳蛱蝶 ***Parasarpa dudu*** 分布于印度至中国台湾、马来西亚和印度尼西亚。这种美丽的蝴蝶生活在山林中，它们飞行速度快而灵活，会快速扇动翅膀并时而伴有俯冲滑翔。

棕黑线蛱蝶 ***Limenitis reducta*** 分布于欧洲至叙利亚和伊朗。线蛱蝶属的24个种中大多数翅腹面都有漂亮的橙色，并具白色带纹。

穆蛱蝶 ***Moduza procris*** 分布于印度至中国、马来西亚、巴拉望岛和印度尼西亚。这是一种体色绚丽、飞行迅速的蝴蝶，在亚洲热带地区的林缘地带活动。

中华黄葩蛱蝶 ***Patsuia sinsensium*** 分布于中国西部。这种蝴蝶翅背面为深褐色，带有漂亮的大型浅橙色斑。

肃蛱蝶 ***Sumalia daraxa*** 分布于印度锡金至马来西亚、苏门答腊岛和婆罗洲。来自印度锡金的个体原有的绿色斑纹由纯白色替代。

环蛱蝶族NEPTINI

蜡蛱蝶属*Lasippa*、环蛱蝶属*Neptis*、蟠蛱蝶属*Pantoporia*和菲蛱蝶属*Phaedyma*的种类在晒太阳的时候，翅上白点所在的位置使它们看上去像有3条平行的白色带纹。

所包含的属：伞蛱蝶属*Aldania*、蜡蛱蝶属*Lasippa*、环蛱蝶属*Neptis*、蟠蛱蝶属*Pantoporia*、菲蛱蝶属*Phaedyma*。

仿斑伞蛱蝶 *Aldania imitans* 只分布于中国。7种伞蛱蝶属蝴蝶都分布在东洋界，其中大多数与环蛱蝶属*Neptis*的种类很相似，但仿斑伞蛱蝶是个例外，它可能是在拟态一种有毒的斑蝶：大绢斑蝶*Parantica sita*。

柯环蛱蝶 *Neptis clinia* 分布于印度至中国、马来西亚、巴拉望岛和印度尼西亚。环蛱蝶属的分布范围跨越欧洲、非洲、亚洲、大洋洲诸岛至澳大利亚东北部。

中环蛱蝶 *Neptis hylas* 分布于印度至中国、马来西亚和印度尼西亚西部。环蛱蝶属翅腹面是棕色或橙色的，图案和翅背面相同。

弥环蛱蝶 ***Neptis miah*** 分布于印度至马来西亚及印度尼西亚。本种、味环蛱蝶*Neptis viraja*和其他一些蝴蝶，白色的斑纹被黄色替代。

麦环蛱蝶 ***Neptis metella*** 分布于几内亚至埃塞俄比亚、安哥拉南部、肯尼亚和马达加斯加。环蛱蝶属有153个种，全世界都有分布，其中有78种分布于非洲。

金蟠蛱蝶 ***Pantoporia hordonia*** 分布于印度至越南、马来西亚、巴拉望岛和印度尼西亚。蟠蛱蝶属有14个种，分布于印度至澳大利亚北部。

丽蛱蝶族PARTHENINI

遵从耙蛱蝶属*Bhagadatta*分类地位变动的意见，现在丽蛱蝶族下只有1个属。

所包含的属：丽蛱蝶属*Parthenos*。

丽蛱蝶 ***Parthenos sylvia*** 分布于印度至马来西亚、菲律宾和印度尼西亚。经常可以看到这种漂亮的蝴蝶在热带雨林的树冠层穿梭飞行。

（二五）蛱蝶亚科
Nymphalinae

这个多样的类群在全世界包含489个种。大多数种类具有保护色的翅腹面以拟态枯叶或树皮。幼虫主要取食草本植物，包括荨麻、车前草和紫菀，也有一些种类取食蔷薇科Rosaceae、榆科Ulmaceae及杨柳科Salicaceae植物的树叶。

端突蛱蝶族COEINI

这个新热带界的小族只包含了6个种。它们是非常强健、飞行迅速的蝴蝶，让人联想起螯蛱蝶亚科Charaxinae的种类。

所包含的属：抱突蛱蝶属*Baeotus*、端突蛱蝶属*Historis*。

端突蛱蝶 ***Historis odius*** 分布于美国得克萨斯至玻利维亚及亚马孙河流域。这种清秀的蝴蝶翅背面有一条绚丽的橙色带纹。

尖尾端突蛱蝶 ***Historis acheronta*** 分布于美国得克萨斯至亚马孙河流域。这种蝴蝶的翅腹面与非洲的童男螯蛱蝶*Charaxes etheocles*非常近似。

抱突蛱蝶 ***Baeotus deucalion*** 分布于亚马孙河上游流域。本种翅的形状和具斑点的翅腹面是抱突蛱蝶属4种蝴蝶的典型特征。

眼蛱蝶族JUNONIINI

泛热带分布，眼蛱蝶族所有种类均具弧凹的前翅外缘，还有一些种类顶角非常突出。几乎全部95种的翅腹面都具保护色，与其华丽而引人注目的翅背面形成鲜明对比。

所包含的属：斑蛱蝶属*Hypolimnas*、眼蛱蝶属*Junonia*、优蛱蝶属*Precis*、矩蛱蝶属*Protogoniomorpha*、萨拉蛱蝶属*Salamis*、瑶蛱蝶属*Yoma*。

金斑蛱蝶 ***Hypolimnas misippus*** 分布于非洲、印度、马来西亚、印度尼西亚、巴布亚新几内亚、澳大利亚。雄蝶如图所示。橙色的雌蝶拟态有毒的金斑蝶*Danaus chrysippus*，极其相像。

波纹眼蛱蝶 ***Junonia atlites*** 分布于印度至马来西亚及印度尼西亚。这种十分常见的蝴蝶在整个东洋界的退化林林缘地带都可见到。

美眼蛱蝶 ***Junonia almanac*** 分布于印度至中国南部、菲律宾、马来西亚及印度尼西亚。眼蛱蝶属所有种的翅上都有不同大小的眼斑，但美眼蛱蝶的眼斑格外大。

眼蛱蝶 ***Junonia evarete*** 分布于美国亚利桑那至秘鲁、亚马孙河流域及巴西东南部。本种经常与其近似种育龄眼蛱蝶*Junonia genoveva*混淆。眼蛱蝶属世界范围内共33种。

黄裳眼蛱蝶 ***Junonia hierta*** 分布于非洲、阿拉伯半岛、印度至中国和马来西亚。这个常见的荒地种非常机警，不易靠近。

蛇眼蛱蝶 ***Junonia lemonias*** 分布于印度至越南。这种常见蝴蝶通常在荆棘灌丛或开阔的退化林林缘地带活动。

青眼蛱蝶 ***Junonia oenone*** 分布于撒哈拉以南的非洲、阿拉伯半岛和马达加斯加。本种是一个入侵种，栖息环境包括稀树草原、荆棘灌丛、落叶林、热带雨林的空地及开满花的花园。

冥眼蛱蝶 ***Junonia stygia*** 分布于塞内加尔至刚果。这个雨林种常在有斑驳阳光洒下的林荫道上大量出现。

黄带眼蛱蝶 ***Junonia terea*** 分布于撒哈拉以南的非洲。这是一种广布的蝴蝶，常在蜜源充沛的开阔的半森林环境中活动。

维斯眼蛱蝶 ***Junonia vestina*** 分布于秘鲁和玻利维亚。在东安第斯山脉，这种小巧的蝴蝶在林木线以上的路边十分常见。

奥克优蛱蝶 ***Precis octavia*** 分布于撒哈拉以南的非洲。优蛱蝶属*Precis*的20种蝴蝶有季节性二型现象。本种的干季型为显眼的橙色，但湿季型为灰蓝色，靠近翅缘的部分有红色新月形斑。

尖翅优蛱蝶 ***Precis pelarga*** 分布于塞内加尔至刚果。和同属的其他多数种一样，本种在开阔的开花林缘地带交尾。

安矩蛱蝶 ***Protogoniomorpha anacardii*** 分布于利比里亚至南非。安矩蛱蝶在飞行时十分美艳，当阳光从不同角度照射到其翅上时，会反射出闪亮的粉色、紫色或绿色。

绿贝矩蛱蝶 ***Protogoniomorpha parhassus*** 分布于非洲马达加斯加。这种蝴蝶偶尔会从树顶飞下来，在林中空地翩飞，在阳光下闪耀出虹彩的颜色，恰如其名。

琉璃矩蛱蝶 ***Protogoniomorpha cytora*** 分布于塞拉利昂至多哥。不像矩蛱蝶属其他4种蝴蝶，这种美艳的蝴蝶偶尔会在低处的树叶上晒太阳，以头朝下的姿势，翅完全展开。

枯叶蛱蝶族KALLIMINI

相比于枯叶蛱蝶族的其他属，伽蛱蝶属*Catacroptera*从表面看上去与眼蛱蝶属*Junonia*和优蛱蝶属*Precis*更接近，这些蝴蝶拟态枯叶的技能都十分高超。

所包含的属：伽蛱蝶属*Catacroptera*、蠹叶蛱蝶属*Doleschallia*、枯叶蛱蝶属*Kallima*、蓝叶蛱蝶属*Mallika*。

蠹叶蛱蝶 ***Doleschallia bisaltide*** 分布于印度至马来西亚、巴拉望岛、印度尼西亚和澳大利亚东北部。蠹叶蛱蝶属还包括其他11个种，分布于东南亚。

枯叶蛱蝶 ***Kallima inachus*** 分布于印度至马来半岛、越南、中国。因其极像枯叶的翅腹面而又被称作“枯叶蝶”（Dead leaf butterfly）。枯叶蛱蝶属共有10种。

网蛱蝶族MELITAEINI

网蛱蝶族的种类因其翅膀形状、较小的体型和明显呈棒状的触角而极易被识别。不同属的种类翅两面的图案不同。并不是所有种类的翅腹面都具有明显的保护色，网蛱蝶属*Melitaea*和堇蛱蝶属*Euphydryas*甚至会有格纹或者斑点，使得它们停息在枯萎的花上时能有效地伪装。

所包含的属：花蛱蝶属*Anthanassa*、泥蛱蝶属*Antillea*、雅蛱蝶属*Atlantea*、群蛱蝶属*Castilia*、巢蛱蝶属*Chlosyne*、丹蛱蝶属*Dagon*、杜蛱蝶属*Dymasia*、袖蛱蝶属*Eresia*、堇蛱蝶属*Euphydryas*、颚蛱蝶属*Gnathotriche*、蟹蛱蝶属*Higginsius*、择蛱蝶属*Janatella*、麦蛱蝶属*Mazia*、网蛱蝶属*Melitaea*、小蛱蝶属*Microtia*、柔蛱蝶属*Ortilia*、漆蛱蝶属*Phyciodes*、啡蛱蝶属*Phystis*、拟枯叶蛱蝶属*Poladryas*、苔蛱蝶属*Tegosa*、远蛱蝶属*Telenassa*、络蛱蝶属*Texola*、缇蛱蝶属*Tisona*。

端花蛱蝶 ***Anthanassa acesas*** 分布于哥伦比亚和委内瑞拉。很多网蛱蝶族蝴蝶的翅腹面边缘具新月形斑纹，包括花蛱蝶属*Anthanassa*、丹蛱蝶属*Dagon*、袖蛱蝶属*Eresia*、柔蛱蝶属*Ortilia*、苔蛱蝶属*Tegosa*和远蛱蝶属*Telenassa*。

花蛱蝶 ***Anthanassa drusilla*** 分布于墨西哥至玻利维亚。与19种花蛱蝶中的大多数一样，本种主要栖息于次生林的林缘地区。

爱群蛱蝶 ***Castilia eranites*** 分布于墨西哥至哥伦比亚和委内瑞拉。在次生云雾林环境中较常见。群蛱蝶属有13个种。

带巢蛱蝶 ***Chlosyne lacinia*** 分布于美国得克萨斯州至委内瑞拉。巢蛱蝶属有33个种，其中29个分布于北美和（或）墨西哥。

娜巢蛱蝶 ***Chlosyne narva*** 分布于尼加拉瓜至厄瓜多尔。巢蛱蝶属的一些种与网蛱蝶属*Melitaea*的种很像，但还有一些以黑色为主，并具白色斑点和红色或橙色的斑块。

丹蛱蝶 ***Dagon pusilla*** 分布于秘鲁和玻利维亚。袖蛱蝶属*Eresia*、群蛱蝶属*Castilia*、柔蛱蝶属*Ortilia*及择蛱蝶属*Janatella*中的一些种类非常相似，但不同种类其白色斑点的数量和位置不同。

达梯袖蛱蝶 ***Eresia datis*** 分布于哥伦比亚至玻利维亚。这种蝴蝶变化多端，有10个亚种和几十个变型，能拟态不同种有毒的珍蝶、斑蝶和绡蝶。

艾袖蛱蝶 ***Eresia emerantia*** 分布于哥斯达黎加至厄瓜多尔。颜色和行为表明它可能是一种有毒的日行性蛾类*Stelene aletis*的贝氏拟态者。

仪袖蛱蝶 ***Eresia ithomioides*** 分布于伯利兹至秘鲁。仪袖蛱蝶的8个亚种分别拟态不同的有毒蝴蝶。仪袖蛱蝶亚种*E. ithomioidea poecelina*拟态塔晓绡蝶*Tithorea tarricina*。

红带袖蛱蝶 ***Eresia lansdorfi*** 分布于巴西东南部。通常在有阳光照耀的开阔林缘地区单独活动，它可能拟态在同一地区活动的艺神袖蝶一个亚种*Heliconius erato phyllis*。

袖蛱蝶 ***Eresia nauplius*** 分布于东安第斯山脉和亚马孙河流域。尽管这种蝴蝶的图案会让人联想起围蛱蝶*Vila azeca*，但并不认为其具有拟态行为。

泥袖蛱蝶 ***Eresia pelonia*** 分布于厄瓜多尔和秘鲁。这种蝴蝶是"虎纹复合体"的一员，在这个庞大的拟态环中，很多有毒的、具虎斑条纹的绡蝶，如裙绡蝶属*Mechanitis*和苹绡蝶属*Melinaea*蝴蝶，会被其他一些科的蝴蝶或蛾类模仿。

金堇蛱蝶 ***Euphydryas aurinia*** 分布于欧洲和温带亚洲。这种漂亮的蝴蝶会在湿润的草地以及鲜花盛开的林荫处交尾。

颚蛱蝶 ***Gnathotriche exclamationis*** 分布于哥伦比亚和委内瑞拉。本种学名意指雄蝶前翅中室的白色感叹号图案。

白择蛱蝶 ***Janatella leucodesma*** 分布于伯利兹至委内瑞拉。这种蝴蝶在停息时绝不会被认错，但当其飞行时易与小型白色的权蛱蝶属*Dynamine*种类相混淆。

阿顶网蛱蝶 ***Melitaea arduinna*** 分布于巴尔干半岛至西伯利亚。网蛱蝶属共70种，它们常在欧洲和温带亚洲开花的草地及草原上飞舞。

狄网蛱蝶 ***Melitaea didyma*** 分布于欧洲至西伯利亚及中国。和网蛱蝶属大多数种类一样，狄网蛱蝶夜间会在花上停息。

褐斑网蛱蝶 ***Melitaea phoebe*** 分布于欧洲和温带亚洲至中国。这是一种十分常见的草原蝴蝶，喜欢吸食蓟花和矢车菊的花蜜。

网蛱蝶 ***Melitaea cinxia*** 分布于欧洲至西伯利亚。这种蝴蝶的英文俗名格兰维尔豹纹蝶（Glanville Fritillary）源于17世纪的昆虫学家Eleanor Glanville女士的名字，以纪念她对蝴蝶的痴迷。

苔蛱蝶 ***Tegosa claudina*** 分布于墨西哥至巴拉圭及巴西东南部。苔蛱蝶属*Tegosa* 14个种中的大多数与本种非常相似，另外，该种与占柔蛱蝶属*Ortilia*的一些种也很相似，如肯柔蛱蝶*O. gentian*和黄柔蛱蝶*O. liriope*。

珍远蛱蝶 ***Telenassa jana*** 分布于哥伦比亚至玻利维亚。这种蝴蝶经常单独出现在云雾林的林道旁或河堤上。

黄带远蛱蝶 ***Telenassa teletusa*** 分布于安第斯山脉和亚马孙河流域。它是远蛱蝶属8个种中最常见和最广布的种类。

蛱蝶族NYMPHALINI

蛱蝶族包含99种蝴蝶，广布于世界各地的温带及热带地区。最近的研究表明，钩蛱蝶属*Polygonia*、孔雀蛱蝶属*Inachis*、麻蛱蝶属*Aglais*和琉璃蛱蝶属*Kaniska*最后都应并入蛱蝶属*Nymphalis*中。

所包含的属：麻蛱蝶属*Aglais*、赭蛱蝶属*Antanartia*、蜘蛱蝶属*Araschnia*、黄肱蛱蝶属*Colobura*、虎蛱蝶属*Hypanartia*、孔雀蛱蝶属*Inachis*、琉璃蛱蝶属*Kaniska*、拟蛱蝶属*Mynes*、蛱蝶属*Nymphalis*、钩蛱蝶属*Polygonia*、丰蛱蝶属*Pycina*、没药蛱蝶属*Smyrna*、盛蛱蝶属*Symbrenthia*、美域蛱蝶属*Tigridia*、红蛱蝶属*Vanessa*。

荨麻蛱蝶 ***Aglais urticae*** 分布于欧洲和温带亚洲。本种英文俗名Small Tortoiseshell（小乌龟壳）来源于其后翅腹面龟壳状的图案。

环黄肱蛱蝶 ***Colobura annulata*** 分布于墨西哥至亚马孙河流域。本种及其近缘种黄肱蛱蝶*C. dirce*经常被发现在果园里吸食树干流出的汁液。

丝网蜘蛱蝶 ***Araschnia levana*** 分布于欧洲、温带亚洲至日本。蜘蛱蝶属共有9种，主要分布在中国。

新虎蛱蝶 ***Hypanartia cinderella*** 分布于东安第斯山脉。这类蝴蝶的英文俗名Mapwings（地图翅）源于其翅腹面具等高线样的图案。

神后虎蛱蝶 ***Hypanartia dione*** 分布于墨西哥至阿根廷。虎蛱蝶属的一些种类，包括本种和西普虎蛱蝶*H. splendida*都有较长的尾突，使它们看上去很像凤蛱蝶属*Marpesia*的种类。

虎蛱蝶 ***Hypanartia lethe*** 分布于墨西哥至阿根廷和乌拉圭。和虎蛱蝶属其他蝴蝶一样，虎蛱蝶主要栖息在云雾林中。

孔雀蛱蝶 ***Inachis io*** 分布于欧洲和温带亚洲。这种漂亮的蝴蝶停息时翅保持竖立，当受到惊扰时则展开双翅，展现其鲜艳的孔雀眼斑，同时发出一种警报声，听起来像蛇的“嘶嘶”声。

琉璃蛱蝶 ***Kaniska canace*** 分布于印度至日本、马来西亚和印度尼西亚。可在多种森林环境中发现，但它们最常在云雾林里活动。

榆蛱蝶 ***Nymphalis polychloros*** 分布于欧洲至喜马拉雅山脉。蛱蝶属有26个种，分布遍及北美洲、欧洲和温带亚洲。

白钩蛱蝶 ***Polygonia calbum*** 分布于欧洲和温带亚洲。本种学名源于其翅腹面逗号状的白色斑纹。全北界分布有几个近似的种，包括长尾钩蛱蝶*P. interrogationis*和拟白钩蛱蝶*P. jalbum*。

没药蛱蝶 ***Smyrna blomfildia*** 分布于墨西哥至巴西。本种翅腹面的图案很像树木的年轮。

黄豹盛蛱蝶 ***Symbrenthia brabira*** 分布于印度东北部至中国西部。盛蛱蝶属蝴蝶的翅腹面要么像本种一样具有斑点，要么就像散纹盛蛱蝶*S. lilaea*、琥珀盛蛱蝶*S. hypatia*和阴盛蛱蝶*S. intricata*那样具有大理石纹理。

散纹盛蛱蝶 ***Symbrenthia lilaea*** 分布于印度至中国、马来西亚和印度尼西亚。与同样具橙色带纹的蟠蛱蝶属*Pantoporia*相比，盛蛱蝶属的翅更宽、翅角更明显。

美域蛱蝶 ***Tigridia acesta*** 分布于墨西哥至亚马孙河流域。其翅腹面的条纹与线灰蝶族Theclini的一些种类如崖灰蝶属*Arawacus*一样，用以造成一种前后颠倒的幻觉来愚弄鸟类，使后者把更无关紧要的部位当作进攻目标。

优红蛱蝶 ***Vanessa atalanta*** 分布于北美洲、北非和欧洲。这种漂亮蝴蝶的雌蝶和雄蝶都喜欢吸食落果和泽兰属*Eupatorium*植物的花蜜。

布雷红蛱蝶 ***Vanessa brasiliensis*** 分布于秘鲁、玻利维亚、阿根廷和巴西东南部。在安第斯山区，常常可见这个云雾林蝶种在路边的裸地或岩石上晒太阳。

大红蛱蝶 ***Vanessa indica*** 分布于尼泊尔至中国。其翅上的颜色可由明亮的鲜红色变化为橙黄色。本种是温带及亚热带山林里的常见种类。

维蛱蝶族VICTORININI

维蛱蝶族主要分布在新热带界。分布于非洲的枯蛱蝶属*Kallimoides*和侏蛱蝶属*Vanessula*以及分布在东洋界的黑缘蛱蝶属*Rhinopalpa*，和其他族相比更接近于维蛱蝶族，但它们最终可能会被重新划分分类地位。

所包含的属：纹蛱蝶属*Anartia*、枯蛱蝶属*Kallimoides*、维蛱蝶属*Metamorpha*、鸟蛱蝶属*Napeocles*、黑缘蛱蝶属*Rhinopalpa*、帘蛱蝶属*Siproeta*、侏蛱蝶属*Vanessula*。

白斑红纹蛱蝶 ***Anartia amathea*** 分布于安第斯山脉及亚马孙河流域至乌拉圭。本种是新热带界最具标志性的蝴蝶之一，经常在包括农田、路边及花园在内的次生林环境中大量发生。

褐纹蛱蝶 ***Anartia jatrophae*** 分布于美国得克萨斯至巴拉圭和阿根廷。该种可能是蛱蝶亚科在新热带界最广布的一个种，在严重退化的森林林缘地带大量发生。

小绿帘维蛱蝶 ***Metamorpha elissa*** 分布于巴拿马至圭亚那、玻利维亚以及亚马孙河流域。这个常见的热带雨林蝶种有时被放入帘蛱蝶属*Siproeta*。

鸟蛱蝶 ***Napeocles jucunda*** 分布于秘鲁、玻利维亚和巴西南部。这是一种行踪难定的蝴蝶，大部分时间都在高处的林冠层活动。

红端帘蛱蝶 ***Siproeta epaphus*** 分布于墨西哥至阿根廷。这种大型而优雅的蝴蝶在整个新热带界的次生林环境中都很常见。

绿帘蛱蝶 ***Siproeta stelenes*** 分布于美国佛罗里达至巴西东南部。飞行时极易与绿袖蝶*Philaethria dido*相混淆，但绿帘蛱蝶更常见且分布在退化更严重的生境中。

（二六）秀蛱蝶亚科
Pseudergolinae

此处提到的种类在不同时期曾被归入线蛱蝶亚科Limenitidinae、闪蛱蝶亚科Apaturinae或丝蛱蝶亚科Cyrestinae中，但是DNA分析结果支持将它们归为一个独立亚科——秀蛱蝶亚科。

秀蛱蝶族PSEUDERGOLINI

秀蛱蝶族包括7个种，皆原产于东洋区。

所包含的属：蔼蛱蝶属*Amnosia*、电蛱蝶属*Dichorragia*、秀蛱蝶属*Pseudergolis*、饰蛱蝶属*Stibochiona*。

秀蛱蝶 ***Pseudergolis wedah*** 分布于印度、尼泊尔和中国。这种美丽的蝴蝶被发现于喜马拉雅山麓，它们通常会在石块或者光秃的地面上晒太阳。

流星电蛱蝶 ***Dichorragia nesimachus*** 分布于印度阿萨姆至日本、巴拉望岛、马来西亚和印度尼西亚。一些分类学家将其下的13个亚种提升为种。

（二七）眼蝶亚科
Satyrinae

这个庞大的亚科已知2 290种，除南极洲外的其他各大洲均有分布，且以南美洲种类最多。几乎所有种的翅腹面都具有由眼斑或圆斑组成的完整或不完整的带纹。大部分种类的翅面以棕色为主。

环蝶族AMATHUSIINI

环蝶族包括一些体型较大、喜阴暗林间活动的蝶类，分布仅限于印澳地区。该族曾被认为是闪蝶族Morphini的姐妹群，但如今被认为与帻眼蝶族Zetherini的亲缘关系更近。

所包含的属：纹环蝶属*Ameona*、环蝶属*Amathusia*、交脉环蝶属*Amathuxidia*、方环蝶属*Discophora*、矩环蝶属*Enispe*、串珠环蝶属*Faunis*、波纹环蝶属*Melanocyma*、闪环蝶属*Morphopsis*、箭环蝶属*Stichophthalma*、眼环蝶属*Taenaris*、斑环蝶属*Thaumantis*、带环蝶属*Thauria*。

波纹环蝶 ***Melanocyma faunula*** 分布于不丹至泰国和西马来西亚。这是一种十分容易识别的蝴蝶，可见于阴暗雨林的溪流边。

紫斑环蝶 ***Thaumantis diores*** 分布于印度东北部至越南。斑环蝶属的4个种翅背面都有深蓝金属色斑纹。

大翅环蝶族BRASSOLINI

大翅环蝶族分布于新热带界，多数种类白天藏在棕榈气生根之间或其他阴暗潮湿的环境中。它们在傍晚活动，那时能够反射紫外光的翅背面可能会帮助其配偶定位。大部分种午夜之后停止活动，但在黎明前还会有再次飞行的时段。

所包含的属： 拟纳环蝶属*Aponarope*、尖尾褐环蝶属*Bia*、扁眼环蝶属*Blepolenis*、大翅环蝶属*Brassolis*、猫头鹰环蝶属*Caligo*、鸱环蝶属*Caligopsis*、咯环蝶属*Catoblepia*、坤环蝶属*Dasyophthalma*、王朝环蝶属*Dynastor*、闪翅环蝶属*Eryphanis*、迷环蝶属*Mielkella*、米莫环蝶属*Mimoblepia*、纳环蝶属*Narope*、美环蝶属*Opoptera*、斜条环蝶属*Opsiphanes*、密纹环蝶属*Orobrassolis*、鹏环蝶属*Penetes*、月纹环蝶属*Selenophanes*。

尖尾褐环蝶 *Bia actorion* 分布于亚马孙河流域。起初分类学家将尖尾褐环蝶属*Bia*放在眼蝶族SATYRINI中，但之后将其归入大翅环蝶族。本种前翅背面具深蓝色光泽，并具一橙色斜带纹。

扁眼环蝶 *Blepolenis batea* 分布于巴西东南部和巴拉圭。大翅环蝶族的多数类群在黄昏或夜间活动，但是扁眼环蝶属的3个种仅在明媚的阳光下活动。

黑猫头鹰环蝶 ***Caligo atreus*** 分布于尼加拉瓜至厄瓜多尔。这种大型蝴蝶的翅背面为深棕色，前翅具深紫色纵带纹，后翅外缘具一条黄色宽带。巨大的鹰眼状斑作用不详，很可能是为了将鸟的注意力从身体上引开。

黄带猫头鹰环蝶 ***Caligo teucer*** 分布于哥伦比亚至圭亚那、玻利维亚和巴拉圭。这种大型蝴蝶的翅展可以达到160 mm（6.3in）。翅背面基半部呈朦胧的蓝灰色，翅外缘处为深泥褐色。

三斑坤环蝶 ***Dasyophthalma cruesa*** 分布于巴西东南部。坤环蝶属的4个种都只分布于大西洋沿岸的热带雨林中。

坤环蝶 ***Dasyophthalma rusina*** 分布于巴西东南部。和所有大西洋沿岸的特有种一样，这种漂亮的蝴蝶已高度濒危。它的森林栖息地有超过80%已被开垦为农田或城市化。

纳环蝶 ***Narope cyllastros*** 分布于巴西东南部。纳环蝶属的17个种体型明显小于该族其他种类，其翅腹面拟态呈枯叶状。

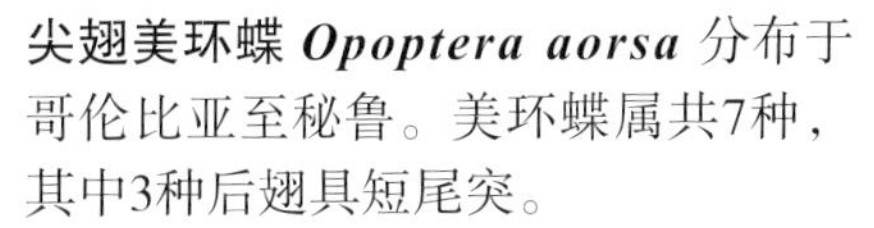

尖翅美环蝶 ***Opoptera aorsa*** 分布于哥伦比亚至秘鲁。美环蝶属共7种，其中3种后翅具短尾突。

络眼蝶族DIRINI

络眼蝶族的26个种都是非洲南部的特有种。最为人熟知的大眼蝶*Aeropetes tulbaghia*是唯一已知的可以为萼距兰*Disa uniflora*传粉的昆虫。

所包含的属：大眼蝶属*Areopetes*、玎眼蝶属*Dingana*、络眼蝶属*Dira*、橙黄眼蝶属*Paralethe*、沙雷眼蝶属*Serradinga*、泡眼蝶属*Tarsocera*、突眼蝶属*Torynesis*。

锯眼蝶族ELYMNINI

锯眼蝶族中包含很多有趣的贝氏拟态的例子。来自新几内亚岛的狼环蝶*Hyantis hodeva*拟态有毒的眼环蝶属*Taenaris*的种类。非洲的横纹眼蝶*Elymniopsis bammakoo*拟态侠女珍蝶*Acraea alciope*。很多东洋界的锯眼蝶属*Elymnias*的种类，雄蝶与雌蝶分别拟态不同种的蝴蝶，例如，蓝翅锯眼蝶*E. kuenstleri*的雄蝶拟态异纹紫斑蝶*Euploea mulciber*，而雌蝶拟态大帛斑蝶*Idea leuconoe*。

所包含的属：锯眼蝶属*Elymnias*、横纹眼蝶属*Elymniopsis*、狼环蝶属*Hyantis*。

翠袖锯眼蝶 ***Elymnias hypermnestra*** 分布于印度至越南、马来西亚和印度尼西亚。雄蝶拟态异型紫斑蝶*Euploea mulciber*。雌蝶多型，拟态斑蝶属*Danaus*的种，包括金斑蝶*D. chrysippus*和虎斑蝶*D. genutia*。

素裙锯眼蝶 ***Elymnias vasudeva*** 分布于印度锡金至中国西南部。这种色彩鲜艳的蝴蝶被认为可能拟态有毒的报喜斑粉蝶*Delias pasithoe*。

晶眼蝶族HAETERINI

晶眼蝶族共21种，分布于新热带界。它们是一类神秘而机警的蝴蝶，通常贴近地面活动，混迹于下层灌丛深处。它们只进行短暂的飞行，一次在空中停留的时间不超过3~4 s，大多数时间都静止不动。

所包含的属：绡眼蝶属*Cithaerias*、镀眼蝶属*Dulcedo*、晶眼蝶属*Haetera*、柔眼蝶属*Pierella*、拟晶眼蝶属*Pseudohaetera*。

玫瑰绡眼蝶 ***Cithaerias aurorina*** 分布于亚马孙河流域上游。绡眼蝶属的5个种行踪都难以捉摸，偶尔瞥见它们在林中小径飞舞，1~2 s后就又消失在下层灌丛中，无处寻觅其踪迹。

女妖柔眼蝶 ***Pierella lamia*** 分布于哥伦比亚至秘鲁和亚马孙河流域。柔眼蝶属的11个种在近地面处低飞，可快速改变飞行速度与方向，如同跳舞者的脚一样。

黄晶眼蝶*Haetera piera*分布于亚马孙河流域。这种半透明的蝴蝶通常不爱活动，它们偶尔在林间小径出没，但却十分机警，要近距离观察会十分困难。

柔眼蝶*Pierella nereis*分布于巴西东南部。本种后翅背面具橙色和白色斑纹。柔眼蝶属其他成员根据种的不同其后翅可能具有橙色、红色、白色或蓝色斑纹。

拟晶眼蝶*Pseudohaetera hypaesia*分布于哥伦比亚至秘鲁。这种来自安第斯山脉的美丽蝴蝶只在十分幽暗的环境中飞行，很少离开它栖息的云雾林下层灌丛。从某些角度观察，会看到它们的翅显得完全透明。

暮眼蝶族MELANITINI

暮眼蝶族共20种。大多数种类分布于旧世界，前翅角状或钩状，翅腹面斑驳的棕色具有隐藏效果。但熳眼蝶*Manataria hercyna*例外，它前翅顶角圆，翅腹面具显著的大理石纹理。该族所有成员都在黄昏或夜间活动，白天极其少见。

所包含的属：污斑眼蝶属*Cyllogenes*、钩眼蝶属*Gnophodes*、熳眼蝶属*Manataria*、暮眼蝶属*Melanitis*、翘尾眼蝶属*Parantirrhoea*。

白带钩眼蝶*Gnophodes betsimena*分布于加纳至赞比亚、南非夸祖鲁-纳塔尔和马达加斯加。钩眼蝶属的3个种都只在非洲的丛林地带分布。

暮眼蝶*Melanitis leda*分布于非洲、阿拉伯半岛、印度至马来西亚、菲律宾、印度尼西亚、新几内亚岛和澳大利亚。这种蝴蝶分布广泛、十分常见，其幼虫取食多种草类、竹子和棕榈。

森林暮眼蝶*Melanitis phedima*分布于印度至日本、菲律宾和印度尼西亚。和暮眼蝶属其他成员一样，森林暮眼蝶白天躲藏于林中落叶层。

黄带暮眼蝶*Melanitis zitenius*分布于印度至中国、马来西亚和印度尼西亚。暮眼蝶属共12种。它们翅腹面的斑纹极富变化，没有任何两个同种个体完全一样。

闪蝶族MORPHINI

闪蝶族是新热带界特有的。暗环蝶属*Antirrhea*和经环蝶属*Caerois*蝴蝶于黄昏时在林间近地面处活动，与柔眼蝶属*Pierella*相似。与之相反，华丽的闪蝶属*Morpho*种类则十分喜阳，翅面呈耀眼的蓝色，翅展可达180 mm（7.1 in）。

所包含的属：暗环蝶属*Antirrhea*、经环蝶属*Caerois*、闪蝶属*Morpho*。

太阳暗环蝶*Antirrhea hela*分布于秘鲁和巴西。暗环蝶属的11个种一生大部分时间都在热带雨林深处的灌丛中躲藏。

雅典娜闪蝶*Morpho athena*分布于巴西。闪蝶属共29种，其中大部分翅背面具蓝色光泽，但本种与来自巴西和阿根廷大西洋沿岸热带雨林的太阳闪蝶*M. epistrophus*例外，它们的翅为白色半透明。

梦幻闪蝶*Morpho deidamia*分布于伯利兹至玻利维亚。本种翅腹面具显著的大理石纹理，可快速将它与其他种区分开来。

尖翅蓝闪蝶*Morpho rhetenor*分布于哥伦比亚至玻利维亚。这种绚丽的蝴蝶顺着流经安第斯山的河道来回飞舞。在阳光下，它们耀眼的蓝色翅面反光明显，在几乎1 000 m（0.6 miles）开外就能看见。

眼蝶族SATYRINI

眼蝶族下面的各属仍在不断被修订。可以肯定在不久的将来必将对该族进行重大修订。该族目前包括约1 500种，广泛分布于世界热带与温带地区，其中新热带界种类最多。

所包含的属：峰眼蝶属*Acrophtalmia*、颠眼蝶属*Acropolis*、镰眼蝶属*Admiratio*、高眼蝶属*Altiapa*、高鄱眼蝶属*Altopedaliodes*、安霏眼蝶属*Amphidecta*、古鄱眼蝶属*Antopedaliodes*、尖翅眼蝶属*Apexacuta*、阿芬眼蝶属*Aphantopus*、安非眼蝶属*Amphysoneura*、古釉眼蝶属*Archeuptychia*、阿勒眼蝶属*Arethusana*、明眸眼蝶属*Argestina*、阿姬眼蝶属*Argynnina*、闪眼蝶属*Argyronympha*、银光眼蝶属*Argyrophenga*、银眼蝶属*Argyrophorus*、雅眼蝶属*Arhuaco*、阿釉眼蝶属*Atlanteuptychia*、苍眼蝶属*Auca*、林眼蝶属*Aulocera*、遨眼蝶属*Austroypthima*、蔽眼蝶属*Bicyclus*、败眼蝶属*Bletogona*、贝眼蝶属*Boeberia*、白俳眼蝶属*Brintesia*、垂纹眼蝶属*Caenoptychia*、蓝眼蝶属*Caeruleuptychia*、线眼蝶属*Calisto*、艳眼蝶属*Callerebia*、卡眼蝶属*Capronnieria*、桂眼蝶属*Cassionympha*、靛眼蝶属

Cepheuptychia、密纹眼蝶属*Cercyeuptychia*、双眼蝶属*Cercyonis*、岩眼蝶属*Chazara*、彻眼蝶属*Cheimas*、智利眼蝶属*Chillanella*、带眼蝶属*Chonala*、绿眼蝶属*Chloreuptychia*、细眼蝶属*Cissia*、穹眼蝶属*Coelites*、珍眼蝶属*Coenonympha*、纹眼蝶属*Coenyra*、舞眼蝶属*Coenyropsis*、琉璃眼蝶属*Coeruleotaygetis*、蛱眼蝶属*Corades*、科鄱眼蝶属*Corderopedaliodes*、羸脉眼蝶属*Cosmosatyrus*、宝石眼蝶属*Cyllopsis*、双尾眼蝶属*Daedalma*、党眼蝶属*Dangond*、绢眼蝶属*Davidina*、小灰眼蝶属*Diaphanos*、祷眼蝶属*Dodonidia*、尖眼蝶属*Drucina*、合眼蝶属*Druphila*、玲眼蝶属*Elina*、串珠眼蝶属*Enodia*、红眼蝶属*Erebia*、绀眼蝶属*Erebiola*、饰眼蝶属*Eretris*、瑞眼蝶属*Erichthodes*、珥眼蝶属*Erites*、薄眼蝶属*Erycinidia*、卓眼蝶属*Etcheverrius*、苔眼蝶属*Eteona*、釉眼蝶属*Euptychia*、彩眼蝶属*Euptychoides*、珐眼蝶属*Faunula*、佛眼蝶属*Foetterleia*、福眼蝶属*Forsterinaria*、结眼蝶属*Geitoneura*、俏眼蝶属*Godartiana*、刮眼蝶属*Guaianza*、红缘眼蝶属*Gyrocheilus*、哈雷眼蝶属*Hallelesis*、晗眼蝶属*Hanipha*、哈眼蝶属*Harjesia*、健眼蝶属*Harsiesis*、海眼蝶属*Haywardella*、沃眼蝶属*Henotesia*、褐眼蝶属*Hermeuptychia*、框眼蝶属*Heteronympha*、镰眼蝶属*Heteropsis*、仁眼蝶属*Hipparchia*、琥眼蝶属*Homoeonympha*、赧眼蝶属*Houlbertia*、透翅眼蝶属*Hyalodia*、慧眼蝶属*Hypocysta*、云眼蝶属*Hyponephele*、红脉眼蝶属*Idioneurula*、雅努眼蝶属*Ianussiusa*、刺眼蝶属*Junea*、坎眼蝶属*Kanetisa*、槁眼蝶属*Karanasa*、多眼蝶属*Kirinia*、狼眼蝶属*Lamprolenis*、毛眼蝶属*Lasiommata*、腊眼蝶属*Lasiophila*、黛眼蝶属*Lethe*、链眼蝶属*Lopinga*、舜眼蝶属*Loxerebia*、鲁眼蝶属*Lyela*、徕眼蝶属*Lymanopoda*、大釉眼蝶属*Magneuptychia*、丽眼蝶属*Mandarinia*、赫眼蝶属*Manerebia*、莽眼蝶属*Maniola*、玛眼蝶属*Mashuna*、昏眼蝶属*Masoura*、美眼蝶属*Megeuptychia*、蒙眼蝶属*Megisto*、密眼蝶属*Melampias*、白眼蝶属*Melanargia*、蛇眼蝶属*Minois*、眉眼蝶属*Mycalesis*、俊眼蝶属*Mygona*、馁眼蝶属*Neita*、旎眼蝶属*Nelia*、嫩眼蝶属*Neocoenyra*、奴眼蝶属*Neomaenas*、绦眼蝶属*Neominois*、环眼蝶属*Neonympha*、荫眼蝶属*Neope*、新鄱眼蝶属*Neopedaliodes*、新眼蝶属*Neorinella*、奶眼蝶属*Nesoxenica*、宁眼蝶属*Ninguta*、尼眼蝶属*Nirvanopsis*、豹眼蝶属*Nosea*、酒眼蝶属*Oeneis*、金眼蝶属*Oreixenica*、银柱眼蝶属*Oressinoma*、岳眼蝶属*Orinoma*、奥眼蝶属*Orsotriaena*、牛眼蝶属*Oxeoschistus*、古眼蝶属*Palaeonympha*、琼眼蝶属*Palmaris*、蓬眼蝶属*Pampasatyrus*、娇眼蝶属*Pamperis*、潘鄱眼蝶属*Panyapedaliodes*、帕眼蝶属*Pararge*、山眼蝶属*Paralasa*、森眼蝶属*Paramacera*、单眼蝶属*Paramo*、副鄱眼蝶属*Parapedaliodes*、副棘眼蝶属*Parataygetis*、副勺眼蝶属*Paratisiphone*、素斑眼蝶属*Pareuptychia*、拟酒眼蝶属*Paroeneis*、玄眼蝶属*Paryphthimoides*、鄱眼蝶属*Pedaliodes*、三瞳眼蝶属*Percnodaimon*、乏眼蝶属*Pharneuptychia*、派鄱眼蝶属*Pherepedaliodes*、波眼蝶属*Physcaeneura*、品眼蝶属*Pindis*、扁眼蝶属*Platypthima*、后棘眼蝶属*Posttaygetis*、佩

眼蝶属*Praefaunula*、前鄱眼蝶属*Praepedaliodes*、皑眼蝶属*Praepronophila*、普眼蝶属*Prenda*、喙眼蝶属*Proboscis*、黧眼蝶属*Pronophila*、原红眼蝶属*Proterebia*、原鄱眼蝶属*Protopedaliodes*、伪釉眼蝶属*Pseudeuptychia*、寿眼蝶属*Pseudochazara*、月斑眼蝶属*Pseudodebis*、羞眼蝶属*Pseudomaniola*、秀眼蝶属*Pseudomycalesis*、拟凤眼蝶属*Pseudoneorina*、仙眼蝶属*Pseudonympha*、斑鄱眼蝶属*Psychopedaliodes*、紫眼蝶属*Ptychandra*、点鄱眼蝶属*Punapedaliodes*、璞眼蝶属*Punargenteus*、火眼蝶属*Pyronia*、奎眼蝶属*Quilaphoetosus*、玳眼蝶属*Ragadia*、稀眼蝶属*Rareuptychia*、泪眼蝶属*Redonda*、网眼蝶属*Rhaphicera*、奇眼蝶属*Sabatoga*、纱眼蝶属*Satyrodes*、眼棘眼蝶属*Satyrotaygetis*、眼蝶属*Satyrus*、塞拉眼蝶属*Sierrasteroma*、华眼蝶属*Sinonympha*、针须眼蝶属*Spinantenna*、灿眼蝶属*Splendeuptychia*、诗眼蝶属*Steremnia*、齿轮眼蝶属*Steroma*、齿鄱眼蝶属*Steromapedaliodes*、缀眼蝶属*Strabena*、斯图眼蝶属*Stuardosatyrus*、魆眼蝶属*Stygionympha*、塔曼眼蝶属*Tamania*、藏眼蝶属*Tatinga*、塔德眼蝶属*Taydebis*、塔眼蝶属*Taygetina*、棘眼蝶属*Taygetis*、波缘眼蝶属*Taygetomorpha*、帖眼蝶属*Tetraphlebia*、勺眼蝶属*Tisiphone*、蟾眼蝶属*Triphysa*、矍眼蝶属*Ypthima*、矍形眼蝶属*Yphthimoides*、烁眼蝶属*Ypthimomorpha*、绮斑眼蝶属*Zipaetis*、齐斯眼蝶属*Zischkaia*。

阿芬眼蝶*Aphantopus hyperantus*分布于欧洲和温带亚洲。常见于林边潮湿的草丛中。阿芬眼蝶属的另外2个种分布于中国。

黑缘银眼蝶 *Argyrophorus lamna*分布于秘鲁。本种前翅背面呈金属银色。其产卵方式与蝗虫类似，用腹部在土上钻洞，并将卵产在其中。

埃娃蔽眼蝶*Bicyclus evadne*分布于塞拉利昂至喀麦隆和刚果（金）。蔽眼蝶属包括84个种，全都分布在撒哈拉以南的非洲。

马蒂蔽眼蝶*Bicyclus martius*分布于几内亚至苏丹，向南可及安哥拉及肯尼亚西部。常见于郁闭度较高的原生和次生林中。

银裙蔽眼蝶*Bicyclus taenias*分布于几内亚至刚果（金）。这种美丽的蝴蝶见于潮湿的原生雨林中，而在干燥的森林中通常见不到。

伞达蔽眼蝶*Bicyclus sandace*分布于撒哈拉以南的非洲。这种常见的蝴蝶见于林缘开阔地带，包括低矮灌丛和农田。

白俳眼蝶*Brintesia circe*分布于欧洲至土耳其和伊朗。本种翅背面的白色带纹使其在飞行时十分显眼。在多种草丛环境中生活，尤其偏爱干燥的低矮灌丛。

英雄线眼蝶*Calisto herophile*分布于古巴。线眼蝶属共45种，只分布在加勒比群岛的古巴部分、伊斯帕尼奥拉岛、牙买加、波多黎各和巴哈马群岛。

络蓝眼蝶*Caeruleuptychia lobelia*分布于厄瓜多尔、秘鲁和巴西。蓝眼蝶属共26种，其中大部分种类翅两面都为蓝色。

靛眼蝶*Cepheuptychia cephus*分布于安第斯山脉东部。仅雌蝶翅腹面有具金色边缘的眼斑。除本属外，还有多个属为蓝色，包括蓝眼蝶属*Caeruleuptychia*和绿眼蝶属*Chloreuptychia*。

阿加萨绿眼蝶*Chloreuptychia agatha*分布于厄瓜多尔和巴西。绿眼蝶属共12种，大部分种翅腹面具蓝色光泽，并具醒目的眼斑。

蓝斑绿眼蝶*Chloreuptychia catharina*分布于厄瓜多尔和秘鲁。本种翅背面呈深棕色，后翅具鲜艳的蓝色光泽。

唇细眼蝶*Cissia labe*分布于墨西哥至厄瓜多尔。本种后翅臀角具暗红色斑点，极易与细眼蝶属的其余15种相区别。

米琪细眼蝶*Cissia myncea*分布于委内瑞拉至秘鲁和巴西。本种与其暗棕色的近似种类细眼蝶 *C. proba*非常相似，它们都生活在热带雨林下层。

细眼蝶*Cissia penelope*分布于安第斯山脉东部和亚马孙河流域。本种的显著特征在于其后翅外缘布满斑点。

隐藏珍眼蝶*Coenonympha arcania*珍眼蝶属主要分布于温带亚洲，但在欧洲和北美洲也有分布。

油庆珍眼蝶*Coenonympha glycerion*分布于欧洲和温带亚洲。珍眼蝶属共43种，生活于开阔的草地，包括沼泽和高山草甸。

黧黄珍眼蝶*Coenonympha leander*分布于巴尔干半岛至俄罗斯、哈萨克斯坦和伊朗。这是一种稀有的蝴蝶，可见于草木繁茂、花朵盛开的山地。

蛱眼蝶*Corades enyo* 分布于哥伦比亚至秘鲁。蛱眼蝶属共23种，它们后翅臀角细长，十分容易识别。它们生活在云雾林中。

黑褐蛱眼蝶*Corades pannonia*分布于哥伦比亚至秘鲁。本种翅背面完全黑色，但同属很多种类前翅具橙色斑纹。

黄带蛱眼蝶*Corades ulema*分布于厄瓜多尔至玻利维亚。蛱眼蝶通常在地面上取食腐肉，腐烂的蛇肉对其具有特别的吸引力。

科郿眼蝶*Corderopedaliodes corderoi*分布于厄瓜多尔和秘鲁。在东安第斯山脉海拔1 500~2 200 m（4929~7200 ft）的云雾林中常见。

亮红眼蝶*Erebia oeme*分布于欧洲中部和巴尔干半岛。常见于潮湿的草地、林间空地和开阔的牧场，特别是在山区。

玻利维亚双尾眼蝶*Daedalma boliviana*分布于厄瓜多尔至玻利维亚。这种外形奇特的蝴蝶见于东安第斯山脉海拔1500~2200 m（4920~7220 ft）的云雾林中。

杏仁红眼蝶*Erebia alberganus*分布于阿尔卑斯山脉和巴尔干半岛。红眼蝶属共104种，分布于北美洲、欧洲和温带亚洲。

东方红眼蝶*Erebia orientalis*分布于塞尔维亚和保加利亚。地区常见种，见于阿尔卑斯山多花的牧场和林间空地。

丽饰眼蝶*Eretris calisto*分布于哥伦比亚至秘鲁。翅膀中后部独特的红色波状带纹和显著的眼斑使这一云雾林种很容易被识别。

尤瑞眼蝶*Erichthodes jovita*分布于哥伦比亚。瑞眼蝶属5个种的翅正面都呈不带任何斑纹的泥褐色。

雅珥眼蝶*Erites elegans*分布于马来西亚、苏门答腊岛和婆罗洲。这一引人注目的蝴蝶生活在潮湿的原始热带雨林中，形成很小的群体。

塞萨尔釉眼蝶*Euptychia cesarense*分布于哥伦比亚至秘鲁。釉眼蝶属的32个种翅缘都有精致的波状斑纹。本种生活于云雾林中，于2011年首次被发现。

杰斯釉眼蝶*Euptychia jesia*分布于墨西哥至厄瓜多尔。釉眼蝶属32种的翅缘均具精致的波状斑纹。

戈里彩眼蝶*Euptychoides griphe*分布于哥伦比亚和委内瑞拉。本种雄蝶前翅具深色“Z”形香鳞，十分容易辨认。

霍彩眼蝶*Euptychoides hotchkissi*分布于秘鲁。本种翅腹面十分单调，但彩眼蝶属的其他种，如戈里彩眼蝶*E. griphe*和诺斯彩眼蝶*E. nossis*的后翅中央贯穿着一条白色宽带。

彩眼蝶*Euptychoides saturnus*分布于哥伦比亚至秘鲁。与彩眼蝶属多数种类一样，彩眼蝶生活于云雾林中。

玻利维亚福眼蝶*Forsterinaria boliviana*分布于秘鲁、玻利维亚。福眼蝶属主要见于安第斯山脉，也有少数种如伊塔福眼蝶*F. itatiaia*和匡福眼蝶*F. quantius*是巴西东南部热带雨林特有的。

纽福眼蝶*Forsterinaria neonympha*分布于墨西哥至厄瓜多尔。福眼蝶属仅纽福眼蝶*F. neonympha*、宝福眼蝶*F. proxima*和丕福眼蝶*F. pyrczi*后翅臀角附近具显著的眼斑。

淡色福眼蝶*Forsterinaria pallida*分布于厄瓜多尔和秘鲁。福眼蝶属种类翅腹面的眼斑通常消失或退化为小白点。

白点福眼蝶*Forsterinaria rustica*分布于厄瓜多尔和秘鲁。福眼蝶属中的某些种，包括白点福眼蝶*F. rustica*和匹基塔福眼蝶*F. pichita*在前翅顶角附近有一个白点。

蝇俏眼蝶*Godartiana muscosa*分布于巴西东南部。见于巴西大西洋沿岸的山区森林中。俏眼蝶属仅有2种。

纵带哈雷眼蝶*Hallelesis halyma*分布于塞拉利昂至加纳。本种眼斑被一金色条带串联起来，形同手链，十分引人注目。

灰哈眼蝶*Harjesia griseola*分布于亚马孙河流域。这种蝴蝶早前的学名*Taygetis indecisa*反映其在属的归属问题上仍然存疑。

亚褐眼蝶*Hermeuptychia atalanta*分布于委内瑞拉至亚马孙河流域和巴西东南部。褐眼蝶属共14种，其中褐眼蝶*H. hermes*数量最多。

浓框眼蝶*Heteronympha merope*分布于澳大利亚。见于开阔的草地上和灌木丛中。框眼蝶属共8种，均为澳大利亚特有种。

哈摩褐眼蝶*Hermeuptychia harmonia*分布于哥斯达黎加至秘鲁。本种翅腹面的波状线纹和眼斑较褐眼蝶属其他种更为明显。

塞墨勒仁眼蝶*Hipparchia semele*分布于欧洲。有人估计仁眼蝶属可达40种之多，但实际数量可能较少。

森仁眼蝶*Hipparchia senthes*分布于巴尔干半岛和土耳其。仁眼蝶喜欢在空地或树干上晒太阳，并将它们的翅向一边倾斜，以使身体最大面积地暴露在阳光下。

刺眼蝶*Junea doraete*分布于安第斯山脉东部。在安第斯山区可见这种行踪诡秘的蝴蝶在地面吸水或被腐肉吸引。

伏尔加仁眼蝶*Hipparchia volgensis*分布于巴尔干半岛。仁眼蝶属的种类变化多端，野外鉴定到种非常困难。

暗红多眼蝶*Kirinia roxelana*分布于东欧至叙利亚和伊拉克。本种栖息于开阔的林地、干燥的灌丛或干涸的河床。

毛眼蝶*Lasiommata megera*分布于东欧至叙利亚和伊朗。见于草木稀疏的干旱坡地和石子地上。

黑斑腊眼蝶*Lasiophila orbifera*分布于哥伦比亚至阿根廷。在云雾林中常见，其翅腹面大理石纹理使之形同一片干枯卷曲的叶子。

银线黛眼蝶*Lethe argentata*分布于中国南部。黛眼蝶属共114种，分布于印度至东南亚一带。和它近缘的串珠眼蝶属*Enodia*则是北美洲特有的。

玉带黛眼蝶*Lethe verma*分布于印度至中国。黛眼蝶通常在树干或竹林落叶层停息。

白带黛眼蝶*Lethe confuse*分布于印度至印度尼西亚。黛眼蝶属多数种类的后翅扩展，并具一系列大小不一的显著眼斑。

黄环链眼蝶*Lopinga achine*分布于欧洲至温带亚洲。见于长满杂草的林间空地，在橡树和榛子树的叶片上吸食蜜露。

垂泪舜眼蝶*Loxerebia ruricola*分布于中国。本种翅背面近黑色，顶角附近有一个双瞳斑，后翅具一串小眼斑。

阿普徕眼蝶*Lymanopoda apulia*分布于秘鲁和玻利维亚。徕眼蝶属共66种，分布于墨西哥至玻利维亚。

红带徕眼蝶*Lymanopoda acraeida*分布于厄瓜多尔至玻利维亚。翅腹面与同一地区分布的有毒的黑珍蝶属*Altinote*的种类近似。

戴徕眼蝶*Lymanopoda dietzi*分布于哥伦比亚至秘鲁。与徕眼蝶属其他种类一样，本种也生活于云雾林中。

帝大釉眼蝶*Magneuptychia tiessa*分布于尼加拉瓜至厄瓜多尔。大釉眼蝶属共40种，外形多变。多数种类后翅都具显著的眼斑和深色的平行带纹。

暗徕眼蝶*Lymanopoda ferruginosa*分布于秘鲁和玻利维亚。本种后翅具白色斑点，这一特征也在同属其他种发现，如希亚徕眼蝶*L. byagnis*和白斑徕眼蝶*L. rana*。

白带赪眼蝶*Manerebia satura*分布于厄瓜多尔和秘鲁。赪眼蝶属共44种，其中多数种类翅腹面具有白色或浅黄色带纹。

加勒白眼蝶 ***Melanargia galathea*** 分布于欧洲。这种美丽的蝴蝶一般四五只聚在一起，并采取头朝下的姿势，在草尖或花上停息。

莽眼蝶 ***Maniola jurtina*** 分布于欧洲和北非。这种蝴蝶生活于欧洲的草原上，十分常见且分布广泛。莽眼蝶属共7种。

俄罗斯白眼蝶 ***Melanargia russiae*** 分布于欧洲南部和温带亚洲。白眼蝶属共25种，典型特征为翅面具方形斑纹。

红斑眉眼蝶*Mycalesis oculus*分布于印度。这种漂亮的蝴蝶是印度西南部尼尔吉里山地区的特有种。

蓝色眉眼蝶*Mycalesis orseis*分布于缅甸、马来西亚和菲律宾。眉眼蝶属共97种，多数种类翅腹面具一串眼斑，中后部具一条显著的白色条纹。

沉瞳眉眼蝶*Mycalesis patina*分布于印度和斯里兰卡。这种蝴蝶在交配时组成一种类似于老鼠脸的图案，这是恐吓拟态的一个特殊例子。

斐斯眉眼蝶*Mycalesis perseus*分布于印度至印度尼西亚和澳大利亚。眉眼蝶属所有种干季型翅上的眼斑和条纹都显著退化。

白斑俊眼蝶*Mygona irmina*分布于哥伦比亚和厄瓜多尔。这种蝴蝶在云雾林中生活，翅正面深棕色，后翅上具一个大型银白色斑块。

银柱眼蝶***Oressinoma typhla***分布于哥斯达黎加至玻利维亚。本种为云雾林常见种，腹面翅面的白色宽带和橙色波状线纹使它很容易被辨识。

奥眼蝶***Orsotriaena medus***分布于印度至中国、马来西亚、印度尼西亚、新几内亚岛和澳大利亚北部。干季型的眼斑较小。

蓬眼蝶***Pampasatyrus gyrtone***分布于阿根廷和巴西东南部。蓬眼蝶属共11种，仅分布于高海拔的潘帕斯草原上。

齿带牛眼蝶*Oxeoschistus simplex*分布于安第斯山脉东部。牛眼蝶属共13种，体型较眼蝶族的其他多数种类大，翅展可达70 mm（2.8 in）。

帕眼蝶*Pararge aegeria*分布于欧洲和温带亚洲。在林间阳光斑驳处十分常见。

银带副棘眼蝶*Parataygetis albinotata*分布于厄瓜多尔、秘鲁和玻利维亚。这是一种少见的蝴蝶，见于安第斯山云雾林的竹丛中。

线纹副棘眼蝶*Parataygetis lineata*分布于哥斯达黎加至哥伦比亚。在阳光明媚的早晨，可见该云雾林蝶种在林缘地带飞舞。

素斑眼蝶*Pareuptychia ocirrhoe*分布于墨西哥至秘鲁。素斑眼蝶属翅背面白色，使得它们在飞翔时十分显眼。

苏门素斑眼蝶*Pareuptychia summandosa*分布于亚马孙河流域。本种在亚马孙河流域上游低地的林缘地带十分常见。

安鄱眼蝶*Pedaliodes ancanajo*分布于秘鲁。鄱眼蝶属共258种，分布于墨西哥至巴西东南部的云雾林中。

卡内拉鄱眼蝶*Pedaliodes canela*分布于哥伦比亚。鄱眼蝶属少数几种的分布范围可达二三个国家，而大多数种的分布较局限，某些仅分布于个别山头。

乌木鄱眼蝶*Pedaliodes hebena*分布于哥伦比亚。一些鄱眼蝶（包括本种）很容易鉴别，但很多种类缺乏典型特征，只能在显微镜下进行鉴定。

诗意鄱眼蝶*Pedaliodes poema*分布于哥伦比亚。鄱眼蝶属至少还有165种仍待进行科学描述和发表。

太平鄱眼蝶*Pedaliodes pacifica*分布于哥伦比亚。鄱眼蝶在一天中通常只活跃1~2 h，常常在日出后很快出现，阴天或起雾时就消失。

佩后棘眼蝶*Posttaygetis penelea*分布于哥斯达黎加至亚马孙河流域。这种机警而活跃的蝴蝶受到惊扰会迅速飞入灌丛中。

间斑黧眼蝶*Pronophila intercidona*分布于哥伦比亚至玻利维亚。黧眼蝶属很容易辨认，其分布从哥斯达黎加一直到阿根廷。

月斑眼蝶*Pseudodebis valentina*分布于亚马孙河流域。月斑眼蝶属翅腹面近外缘处具新月形斑纹和一连串的眼斑。

法塞羞眼蝶*Pseudomaniola phaselis*分布于哥斯达黎加至秘鲁。这一云雾林蝶种的翅背面为深棕色，前翅具一列长条形橙斑。

火眼蝶*Pyronia tithonus*分布于欧洲。本种雄蝶的特征为其前翅具一个由香鳞组成的深色斜带。这一常见种见于低矮草丛和开阔的落叶林中。

玳眼蝶*Ragadia crisilda*分布于印度东北部至马来西亚。这一雨林蝶种喜欢保持长时间静止，仅进行短距离的飞行。

玄裳眼蝶*Satyrus ferula*分布于欧洲、北非和温带亚洲。这种大型蝴蝶的翅背面深色，左右前翅各具一对大而清晰的眼斑。

阿灿眼蝶*Splendeuptychia ashna*分布于哥伦比亚至玻利维亚。灿眼蝶属共46种，大多数生活在云雾林中，但本种却生活在安第斯山脉东部海拔仅500 m（1640 ft）的地方。

黄裳灿眼蝶*Splendeuptychia junonia*分布于秘鲁至亚马孙河流域南部。翅腹面多个细长的眼斑使这种广布的蝴蝶极易辨识。

黑影诗眼蝶*Steremnia monachella*分布于哥伦比亚至秘鲁。这一云雾林蝶种后翅外缘呈明显的圆齿状。

优雅齿轮眼蝶*Steroma modesta*分布于秘鲁。当它在地面停息时看上去很像小土块，极难被发现。

角棘眼蝶*Taygetis angulosa*分布于亚马孙河流域上游。本种能出色地拟态枯叶，翅腹面的深色线纹完美地模拟了落叶的叶脉。

黄边棘眼蝶*Taygetis chrysogone*分布于哥伦比亚至秘鲁。和棘眼蝶属的多数种类一样，这一云雾林蝶种只在黎明后短暂飞行，一天中的多数时间都藏身于密林深处。

萨棘眼蝶*Taygetis thamyra*分布于哥伦比亚至巴西。以前被认为是仙女棘眼蝶*T. andromeda*，本种在整个亚马孙河流域都很常见。

棘眼蝶*Taygetis virgilia*分布于墨西哥至哥伦比亚。棘眼蝶属共27种，干季型较湿季型翅色更淡且偏红色，前翅具更多新月形斑纹。

美矍形眼蝶*Yphthimoides maepius*分布于亚马孙河流域。翅腹面一系列大小相近的双瞳斑有助于将本种与其他一些近似种相区别。

赭带矍形眼蝶*Yphthimoides ochracea*分布于巴西东南部。曲折的亚缘线和布满斑点的翅腹面是矍形眼蝶属24种蝶类的典型特征。

瞿眼蝶*Ypthima baldus*分布于印度至印度尼西亚。瞿眼蝶属包括126个种，除暗瞿眼蝶*Y. arctous*发现于新几内亚岛和澳大利亚外，其余都分布于非洲和亚洲。

道乐瞿眼蝶*Ypthima doleta*分布于塞拉利昂至安哥拉和乌干达。本种是非洲数量最多的眼蝶之一。见于林缘草地。

小瞿眼蝶*Ypthima nareda*分布于巴基斯坦至泰国。这一与众不同的蝴蝶在喜马拉雅山山脚下的林地中常见。

帻眼蝶族ZETHERINI

帻眼蝶族Zetherini与环蝶族Amathusiini是眼蝶中最先分化的类群。该族共22种，其中一些被认为可贝氏拟态有毒的斑蝶。例如，粉眼蝶属*Callarge*和斑眼蝶属*Penthema*与绢斑蝶属*Parantica*十分相似；黑眼蝶属*Ethope*与帻眼蝶属*Zethera*、紫斑蝶属*Euploea*外形相近。

所包含的属：粉眼蝶属*Callarge*、黑眼蝶属*Ethope*、凤眼蝶属*Neorina*、斑眼蝶属*Penthema*、黄带眼蝶属*Xanthotaenia*、帻眼蝶属*Zethera*。

黄带眼蝶*Xanthotaenia busirus*分布于缅甸至马来西亚、苏门答腊岛和婆罗洲。一些学者将这一令人困惑的蝴蝶置于环蝶族AMATHUSIINI中，但分子证据显示它应该被归于帻眼蝶族。

六、凤蝶科

PAPILIONIDAE

凤蝶科共575种，遍布于全球的温带与热带地区。区分凤蝶和其他蝴蝶的最显著特征就在于凤蝶特殊的前翅脉序和其幼虫具臭丫腺——头后方一个可翻缩的叉状结构，能够分泌恶臭的挥发性液体来抵御捕食者和寄生者。

（二八）凤蝶亚科

Papilioninae

凤蝶亚科约有500种，其中大多数为热带森林种类，也有很多温带种类，包括产于北美洲的74种和欧洲的4种。许多种类具尖锐的或匙状的尾突，也有很多没有尾突。所有凤蝶都有6只踩着高跷般的足，大多数种类具明显向后弯的棒状触角。

燕凤蝶族LEPTOCIRCINI

燕凤蝶族共161种。新热带界与东洋界种类最为丰富。另外一小部分生活在温带，包括北美洲的淡黄阔凤蝶*Eurytides marcellus*和欧亚地区的3种旖凤蝶属*Iphiclides*蝴蝶。

所包含的属： 阔凤蝶属*Eurytides*、青凤蝶属*Graphium*、燕凤蝶属*Lamproptera*、幂凤蝶属*Mimoides*、新青凤蝶属*Neographium*、宽凤蝶属*Protesilaus*、指凤蝶属*Protographium*。

凯拉阔凤蝶*Eurytides callias*分布于安第斯山脉东部、圭亚那和亚马孙河流域北部。阔凤蝶属共8种，都分布于新热带界。

竖阔凤蝶*Eurytides dolicaon*分布于巴拿马、安第斯山脉和亚马孙河流域。经常可见这种广布的蝴蝶在亚马孙河河滩上吸食溶解的矿物质。

横阔凤蝶*Eurytides servile*分布于哥伦比亚至玻利维亚。本种与奥比阔凤蝶*E. orabilis*、凯拉阔凤蝶*E. callias*和哥伦比亚阔凤蝶*E. colombus*一样，翅面底色都为雅致的淡青色至白色。

统帅青凤蝶*Graphium agamemnon*分布于印度至印度尼西亚和澳大利亚。通过鲜艳的石灰绿色斑纹与短小的尾突可以很容易识别本种。青凤蝶属共104种，从非洲一直分布到热带亚洲和澳大利亚。

绿凤蝶*Graphium antiphates*分布于印度至马来西亚和印度尼西亚。青凤蝶属还有很多具长尾突的种类，包括芒绿凤蝶*G. aristeus*、斜纹绿凤蝶*G. agetes*和长尾绿凤蝶*G. androcles*，后者是苏拉威西特有的大型种类。

芒绿凤蝶*Graphium aristeus*分布于印度至中国、巴拉望岛、印度尼西亚和澳大利亚。青凤蝶属大部分种类，包括绿凤蝶*G. antiphates*、长尾绿凤蝶*G. androcles*和红绶绿凤蝶*G. nomius*的翅背面斑纹都与本种近似。

宽带青凤蝶*Graphium cloanthus*分布于印度至中国。与同属其他种不同，宽带青凤蝶通常独自活动。

木兰青凤蝶*Graphium doson*分布于印度至日本、巴拉望岛、马来西亚、婆罗洲和苏拉威西岛。这种十分常见的蝴蝶翅面斑纹为淡蓝色，这与同属的银钩青凤蝶*G.eurypylus*、南亚青凤蝶*G. evemon*和碎斑青凤蝶*G. chironides*翅面的浅绿色斑纹明显不同。

非洲青凤蝶*Graphium policenes*分布于撒哈拉沙漠以南的非洲。这是非洲37种青凤蝶中最常见和最漂亮的一种。

幂凤蝶*Mimoides ariarathes*分布于安第斯山脉和亚马孙河流域。与幂凤蝶属的另外10种蝴蝶一样，本种也拟态有毒的番凤蝶属*Parides*蝴蝶。

青凤蝶*Graphium sarpedon*分布于印度至日本、巴拉望岛、马来西亚、印度尼西亚、新几内亚岛和澳大利亚。雄蝶常数十只群集在潮湿的地面吸水。

绿带燕凤蝶*Lamproptera meges*分布于缅甸至中国、马来西亚、巴拉望岛和印度尼西亚。与其他凤蝶比起来，燕凤蝶体型较小。它们会从一个地方快速飞到另一个地方，让人联想起蜻蜓，这期间会短暂停留在溪边吸水。

地奥新青凤蝶*Neographium dioxippus*分布于墨西哥至秘鲁。新青凤蝶属的13个种都具长尾突。翅呈半透明的黄色或白色，具黑色条纹。

多情新青凤蝶*Neographium thyastes*分布于墨西哥至巴西东南部。新青凤蝶属种类通常单独活动，与其他凤蝶在一起吸食溶解的矿物质。

环白宽凤蝶*Protesilaus earis*分布于厄瓜多尔和秘鲁。宽凤蝶属的雄蝶通常在亚马孙河的沙堤上聚集，一边取食一边快速扇动翅膀。

银灰宽凤蝶*Protesilaus glaucolaus*分布于巴拿马至秘鲁。宽凤蝶属一些种类与新青凤蝶属的种非常相似，需要仔细观察才能准确鉴定。

凤蝶族PAPILIONINI

一些分类学家仍将凤蝶族的209种蝴蝶放在单一的凤蝶属*Papilio*中，但目前普遍认为新热带界的大部分种应该属于芷凤蝶属*Heraclides*或虎纹凤蝶属*Pterourus*。

所包含的属：芷凤蝶属*Heraclides*、凤蝶属*Papilio*、虎纹凤蝶属*Pterourus*。

加芷凤蝶*Heraclides garleppi*分布于安第斯山脉东部和亚马孙河流域。芷凤蝶属共32种，都分布在新热带界。

白柱芷凤蝶*Heraclides hectorides*分布于巴西东南部、阿根廷北部、巴拉圭和乌拉圭。生活于大西洋沿岸的热带雨林中。

敏芷凤蝶*Heraclides thoas*分布于墨西哥至乌拉圭。本种的分布范围与近似种美洲大芷凤蝶*H. cresphontes*重叠，后者遍布整个美国和中美洲。

牛郎凤蝶*Papilio bootes*分布于印度至中国西部。凤蝶属共147种，在全世界的温带和热带地区都有分布。

丝绒翠凤蝶*Papilio crino*分布于印度。凤蝶属蝴蝶取食时会不停扇动翅膀，因此很难观察到它们翅膀张开的样子。

斑凤蝶*Papilio clytia*分布于印度至印度尼西亚。凤蝶属多数种类都具有匙状的尾突，但许多拟态斑蝶的种类，包括本种和翠蓝斑凤蝶*P. paradoxa*在内，它们的后翅为圆形。

苏芮德凤蝶*Papilio cyproeofila*分布于塞拉利昂至刚果和安哥拉。与之相似的非洲种类还包括蓝斑德凤蝶*P. cynorta*和鸡冠德凤蝶*P. gallienus*。

达摩凤蝶*Papilio demoleus*分布于印度至印度尼西亚和澳大利亚。这种常见的蝴蝶见于热带地区的低洼地带。与之十分相似的非洲达摩凤蝶*P. demodocus*分布于整个非洲。

黄星斑凤蝶*Papilio epycides*分布于尼泊尔至中国。本种比斑凤蝶*P. clytia*体型更加小巧。两者都拟态有毒的绢斑蝶属*Parantica*蝴蝶。

美凤蝶*Papilio memnon*分布于印度至印度尼西亚。本种雌蝶翅基部各具一个红斑，经常还有宽大的白斑。某些类型的雌蝶后翅具尾突。

金凤蝶*Papilio machaon*分布于北美洲、欧洲和温带亚洲。本种通常单独活动，但分布广泛，幼虫可取食多种草本植物。

绿霓德凤蝶*Papilio nireus*分布于撒哈拉以南的非洲。在非洲森林的路边，经常可见这种蝴蝶与其他凤蝶在一起吸食溶解的矿物质。

玉带凤蝶*Papilio polytes*分布于印度至中国、马来西亚、菲律宾及印度尼西亚。本种雌蝶具有多种类型，包括如图所示的红珠型，它会拟态有毒的红珠凤蝶*Pachliopta aristolochiae*。

蓝裙美凤蝶*Papilio polymnestor*分布于印度和斯里兰卡。本种具有独一无二的华丽淡蓝色斑。主要生活在热带雨林中，但在落叶林中也会发现少量个体。

喙凤蝶族TEINOPALPINI

钩凤蝶*Meandrusa payeni*是稀有的黄色凤蝶。其前翅钩状，外缘深凹，后翅具长而弯曲的刀状尾突。十分罕见的喙凤蝶*Teinopalpus imperialis*是世界上最引人注目的蝴蝶之一。它的身体呈亮绿色，翅面具苔绿色光泽，后翅具亮橙黄色的带纹。

所包含的属：钩凤蝶属*Meandrusa*、喙凤蝶属*Teinopalpus*。

裳凤蝶族TROIDINI

裳凤蝶族共133种。包括东洋界的珠凤蝶属*Pachliopta*、新热带界的番凤蝶属*Parides*、印澳地区的裳凤蝶属*Troides*。之前的鸟翼凤蝶属*Ornithoptera*和红颈凤蝶属*Trogonoptera*目前都归入裳凤蝶属。该族所有成员对鸟类来说都有毒，这种毒性源于其幼期取食的马兜铃科*Aristolochiae*植物。

所包含的属：曙凤蝶属*Atrophaneura*、贝凤蝶属*Battus*、麝凤蝶属*Byasa*、透翅凤蝶属*Cressida*、带凤蝶属*Euryades*、锤尾凤蝶属*Losaria*、鸟翼凤蝶属*Ornithoptera*、珠凤蝶属*Pachliopta*、番凤蝶属*Parides*、裳凤蝶属*Troides*、红颈凤蝶属*Trogonoptera*。

布贝凤蝶*Battus belus*分布于危地马拉至玻利维亚和巴西。贝凤蝶属共12种，包括具尾突的费莱贝凤蝶*B. philenor*，其翅腹面呈金属蓝色，并具大的橙色斑。

红珠凤蝶*Pachliopta aristolochiae*分布印度至印度尼西亚。珠凤蝶属的17个种与麝凤蝶属*Byasa*和锤尾凤蝶属*Losaria*的种类一样后翅具尾突。这3个属的翅都为黑色，具红色和（或）白色斑纹。

彩带番凤蝶*Parides ascanius*分布于巴西东南部。这种极度濒危的蝴蝶仅被发现于巴西里约热内卢一小片残余的沿海森林中。

宽绒番凤蝶*Parides sesostris*分布于墨西哥至玻利维亚和亚马孙河流域。番凤蝶属共36种，其中大部分种类后翅具粉色斑纹。雄蝶前翅上也常具一块金属绿色鳞片。

红颈鸟翼凤蝶*Troides brookiana*分布于马来西亚、苏门答腊岛和婆罗洲。在马来西亚和印度尼西亚，伐木、种植油棕和工业化而导致的栖息地毁坏，使这种华丽的蝴蝶濒临灭绝。

裳凤蝶*Troides helena*分布于印度东北部至中国、越南、马来西亚和印度尼西亚。这是裳凤蝶属34个种中最常见的一种。

绿鸟翼凤蝶*Troides priamus*分布于澳大利亚昆士兰州、巴布亚新几内亚和所罗门群岛。此前，所有分布在华莱士线以东的鸟翼蝶都属于鸟翼凤蝶属*Ornithoptera*，但现在归入裳凤蝶属*Troides*。

（二九）绢蝶亚科

Parnassiinae

绢蝶亚科共70种，分布遍及整个古北界。多数种类翅淡黄色或白色，具黑色斑点或条纹，通常还有小的红色斑纹。有的种后翅具精美的尾突。腹部通常粗短，多数属的足与触角比其他凤蝶的更短。

虎凤蝶族LUEHDORFIINI

虎凤蝶族仅8种。帅绢蝶*Archon apollinus*是东欧与中东地区特有种，与绢蝶属*Parnassius*的种类相似，但没有单眼。虎凤蝶属*Luehdorfia*的5个种可见于中国和日本早春时节的温带森林中，它们的翅呈淡黄色并具黑色条纹，具短小尾突的后翅带有红色和蓝色斑纹。

所包含的属：帅绢蝶属*Archon*、虎凤蝶属*Luehdorfia*。

绢蝶族PARNASSIINI

绢蝶族包括云绢蝶*Hypermnestra helios*和绢蝶属*Parnassius*的种。后者翅上的鳞片较为稀疏，多数种的前翅具方形黑斑，后翅具显著的眼斑，眼斑中央呈红色。绢蝶属共49种，分布于欧洲、温带亚洲和北美洲的山区。

所包含的属：云绢蝶属*Hypermnestra*、绢蝶属*Parnassius*。

阿波罗绢蝶*Parnassius apollo*分布于欧洲和温带亚洲。绢蝶属蝴蝶体态强壮，在整个全北界寒风凛冽的山区都可见到。

觅梦绢蝶*Parnassius mnemosyne*分布于欧洲至俄罗斯和中亚。本种后翅上没有其他多数种所具的独特红色眼斑。

锯凤蝶族ZERYNTHINI

锯凤蝶族共13种。绢凤蝶属*Allancastria*与锯凤蝶属*Zerynthia*相似，翅为乳白色或淡黄色，具黑色和红色斑纹。丝带凤蝶属*Sericinus*的唯一种丝带凤蝶*S. montela*与它们拥有相同的色彩模式，但鳞片更稀疏，且后翅具一个长尾突。目前该族最为华丽的当属尾凤蝶属*Bhutanitis*的种类，它们拥有更大的体型和更斑驳的花纹，还装饰着精致的眼斑和多根尾突。

所包含的属：绢凤蝶属*Allancastria*、尾凤蝶属*Bhutanitis*、丝带凤蝶属*Sericinus*、锯凤蝶属*Zerynthia*。

三尾凤蝶*Bhutanitis thaidina*分布于不丹至中国西南部。尾凤蝶属蝴蝶非常少见，通常只能远距离观察。常于林间飞行或在较高的灌木顶端吸食汁液。

缘锯凤蝶*Zerynthia rumina*分布于西班牙和北非。这种蝴蝶在早春活动，见于林间空地、鲜花盛开的草地和灌木丛生的山坡上。

（三〇）宝凤蝶亚科

Baroniinae

宝凤蝶亚科仅1个已知种。

宝凤蝶族BARONIINI

短角宝凤蝶*Baronia brevicornis*是一种奇特的蝴蝶，仅分布于墨西哥。本种有些特征与绢蝶亚科*Parnassiinae*相同，被认为是凤蝶科最基本的类群。本种有多种类形，大部分翅面为深棕色，具大型淡黄色斑块。

所包含的属：宝凤蝶属*Baronia*。

七、粉蝶科

PIERIDAE

粉蝶科在除南极洲外的各大洲都有分布。该科1 150个物种的栖息地从热带雨林一直到干旱荒漠，从海平面到至少海拔4 000 m（13 125 ft）处。大多数种的翅白色或黄色，通常具黑色边缘。很多同样具鲜艳的红色或黄色斑纹。雌雄蝶的3对足均正常。

（三一）黄粉蝶亚科

Coliadinae

黄粉蝶亚科分布于全世界的热带与温带地区，共206种。

（无族级划分）

黄粉蝶亚科几乎所有的种都具有亮黄色的翅背面和淡黄色的翅腹面。前翅顶角通常方形，但在钩粉蝶属*Gonepteryx*、方粉蝶属*Dercas*中呈钩状。后翅常较圆，但钩粉蝶属和某些黄粉蝶属*Eurema*和方粉蝶属*Dercas*的种外缘角状。所有属的绝大多数种类都有迁飞行为。

所包含的属：黑缘粉蝶属*Abaeis*、大粉蝶属*Anteos*、淡缘粉蝶属*Aphrissa*、迁粉蝶属*Catopsilia*、豆粉蝶属*Colias*、方粉蝶属*Dercas*、黄粉蝶属*Eurema*、玕黄粉蝶属*Gandaca*、钩粉蝶属*Gonepteryx*、历粉蝶属*Kricogonia*、露粉蝶属*Leucidia*、娜粉蝶属*Nathalis*、菲粉蝶属*Phoebis*、普粉蝶属*Prestonia*、皮粉蝶属*Pyrisitia*、纹粉蝶属*Rhabdodryas*、特里粉蝶属*Terias*、眼特粉蝶属*Teriocolias*、花粉蝶属*Zerene*。

金顶大粉蝶*Anteos menippe*分布于巴拿马至秘鲁和巴西。雄蝶翅背面淡黄色，具明显的橙色翅尖。

迁粉蝶 ***Catopsilia pomona*** 分布于印度至中国、东南亚和澳大利亚。本种具多种色斑型，从不具斑纹的淡绿白色的无纹型到如图所示的色彩艳丽的血斑型。

梨花迁粉蝶 ***Catopsilia pyranthe*** 分布于印度至中国、东南亚和澳大利亚。斑驳的翅腹面使本种很容易与迁粉蝶无纹型相区分。

红点豆粉蝶 ***Colias crocea*** 分布于欧洲、北非和温带亚洲。豆粉蝶属的大多数种都有极强的迁飞能力。见于多种生境，但更偏爱多花的草地。

篱笆豆粉蝶 ***Colias lesbia*** 分布于哥伦比亚至智利和阿根廷。豆粉蝶属有58种分布于古北界，另外还有至少5种分布于南美洲，21种分布于北美洲，3种生活在非洲。

潇洒豆粉蝶*Colias sareptensis*分布于欧洲和温带亚洲。豆粉蝶属幼虫取食三叶草、野豌豆和近缘的草本豆科Fabaceae植物。

印度豆粉蝶*Colias nilagiriensis*分布于印度。这种十分活跃、飞行迅速的蝴蝶是印度西南部尼尔吉里山区草原上特有的。

檀方粉蝶*Dercas verhuelli*分布于印度至中国南部。方粉蝶属共5种，分布于印度至印度尼西亚。雄蝶通常单独在溪边吸水。

黑角白黄粉蝶*Eurema albula*分布于墨西哥至乌拉圭。黄粉蝶属的多数种翅背面为黄色并具黑色边缘，但少数种类翅背面为白色，包括本种、龙舌兰黄粉蝶*E.agave*和黑边黄粉蝶*E. lirina*。

安迪黄粉蝶*Eurema andersoni*分布于印度至马来西亚和印度尼西亚。黄粉蝶属有超过70个种，遍及除欧洲和温带亚洲以外的世界各地。

黄粉蝶*Eurema daira*分布于美国南部至厄瓜多尔。本种雄蝶前翅背面内缘具一个黑色长条纹。

尖尾黄粉蝶*Eurema salome*分布于美国得克萨斯至秘鲁。黄粉蝶属一些种具尖角状尾突，包括本种、墨西哥黄粉蝶*E. mexicana*、爱博黄粉蝶*E. arbela*和雄性费华黄粉蝶*E. fabiola*。

尖角黄粉蝶*Eurema laeta*分布于印度至日本、马来西亚、印度尼西亚和澳大利亚。通过下列特征能轻松识别该种：前翅顶角尖锐、翅腹面斑驳、前翅中室无斑点。

玕黄粉蝶*Gandaca harina*分布于印度至越南、马来西亚、巴拉望岛、婆罗洲和苏门答腊岛。通常单独活动，见于河床上或林缘地带。

钩粉蝶*Gonepteryx rhamni*分布于欧洲和温带亚洲。精致的叶状翅形、突出的翅脉和鲜黄的体色是钩粉蝶属所特有的。

灰露粉蝶*Leucidia brephos*分布于亚马孙河流域。这种小型蝴蝶缓慢而优雅地在热带雨林中穿行，当它在叶子上停息时，会采用一种标志性的“芭蕾舞者”般的姿势。

杏菲粉蝶*Phoebis argante*分布于墨西哥至巴西东南部。在亚马孙河的沙堤上，可见本种聚集成为紧密的群体。受到惊扰后，整个蝶群突然飞起，在空中盘旋，就像黄色的波涛，警报解除后，它们又一个接一个小心地落下。

尖尾菲粉蝶*Phoebis neocypris*分布于美国得克萨斯至亚马孙河流域上游。本种的一个异名柔菲粉蝶*P. rurina*同样广为人知，它是菲粉蝶属中唯一具叶状后翅的种。

黄纹菲粉蝶*Phoebis philea*分布于美国至巴西。雄蝶前翅背面具一条模糊的橙色条纹。雌蝶颜色一般发白，但古巴和伊斯帕尼奥拉岛的个体颜色多样，从黄色一直到鲜红色。

微绿皮粉蝶*Pyrisitia venusta*分布于美国得克萨斯至亚马孙河流域。皮粉蝶属共12种，与黄粉蝶属*Eurema*相似，但翅更圆。多数种后翅中室末端具一对黑色小点。

土黄纹粉蝶*Rhabdodryas trite*分布于墨西哥至阿根廷和巴西。本种数量较多，以河道作为迁徙路径。经常可见雄蝶十几只排成一列沿着河堤上下飞舞。

（三二）袖粉蝶亚科

Dismorphiinae

袖粉蝶亚科共计57种，除小粉蝶属*Leptidea*的7个种分布在欧亚地区外，其余均原产于新热带界。

（无族级划分）

袖粉蝶属*Dismorphia*的29种蝴蝶拥有细长的前翅和宽大的后翅。多数种类贝氏拟态有毒的绡蝶、袖蝶或粉蝶。某些种类的雌蝶与雄蝶分别拟态不同种的蝴蝶。

所包含的属：袖粉蝶属*Dismorphia*、茵粉蝶属*Enantia*、小粉蝶属*Leptidea*、异形粉蝶属*Lieinix*、麝粉蝶属*Moschoneura*、杯粉蝶属*Patia*、伪粉蝶属*Pseudopieris*。

丽达袖粉蝶*Dismorphia lygdamis*分布于厄瓜多尔和秘鲁。本种近乎完美地拟态了有毒的白带彩粉蝶*Catasticta sisamnus*，它们都生活在云雾林中。

黄袖粉蝶*Dismorphia astyocha*分布于阿根廷和巴西东南部。本种翅背面黑色，具橙色和黄色斑纹，模仿有毒的裙绡蝶属*Mechanitis*种类的色彩模式。

乳袖粉蝶*Dismorphia thermesia*分布于安第斯山脉东部和圭亚那。一种常见的蝴蝶，在云雾林中经常可见其访花。

窄纹袖粉蝶*Dismorphia zaela*分布于哥斯达黎加至厄瓜多尔。翅腹面斑纹晦暗，但橙色和棕色交替的翅背面表明它是“虎纹复合体”的一员。

红裙黑边茵粉蝶*Enantia melite*分布于墨西哥至乌拉圭。与袖粉蝶属*Dismorphia*的种不同，茵粉蝶属的9个种通常在河滩吸食溶解的矿物质。

小粉蝶*Leptidea sinapis*分布于欧洲和温带亚洲。这种迷人的蝴蝶因其求偶行为而被人们熟知，雄蝶遇见雌蝶时会用喙来回轻轻抽打后者的左右翅。

杯粉蝶*Patia orise*分布于哥斯达黎加至玻利维亚。本种能很好地拟态有毒的透翅绡蝶属*Methona*的种类，但可以通过其较大的后翅来分辨。同时该种的3对足正常，而透翅绡蝶与其他蛱蝶一样前足退化。

异形粉蝶*Lieinix nemesis*分布于墨西哥至秘鲁。晦暗的翅腹面使它拥有惊人的伪装能力，能够毫无破绽地融入它所停息的任何环境中，不管是在枝叶间、光秃的地上还是在树干或石头上。

伪粉蝶*Pseudopieris nehemia*分布于墨西哥至阿根廷。翅背面纯白色，顶角黑色。

（三三）粉蝶亚科

Pierinae

粉蝶亚科约有1 150种，广布于全世界的热带、温带和亚北极地区。多数种类主要呈白色或黄色，也有一些如斑粉蝶属*Delias*、襟粉蝶属*Anthocharis*和鹤顶粉蝶属*Hebomoia*具明显的红色或橙色斑块，黑粉蝶属*Pereute*、乃粉蝶属*Nepheronia*和青粉蝶属*Pareronia*则具淡蓝色斑纹。

襟粉蝶族ANTHOCHARIDINI

襟粉蝶族共9属，68种，分布于新热带界和全北界温带的山区。绝大部分种类翅背面为白色。在襟粉蝶属*Anthocharis*、艺粉蝶属*Eroessa*和眉粉蝶属*Zegris*中，雄蝶翅背面顶角为橙色。一些属的后翅腹面具杂乱的绿色斑纹。

所包含的属：襟粉蝶属*Anthocharis*、酷粉蝶属*Cunizza*、埃尔粉蝶属*Elphinstonia*、艺粉蝶属*Eroessa*、端粉蝶属*Euchloe*、秀粉蝶属*Hesperocharis*、伊博粉蝶属*Iberochloe*、玛粉蝶属*Mathania*、眉粉蝶属*Zegris*。

环橙酷粉蝶*Cunizza hirlanda*分布于巴拿马至巴西东南部。通常可见独自混杂在由帕粉蝶属*Perrhybris*、珍粉蝶属*Itaballia*和甘粉蝶属*Ganyra*的种类组成的集群中。

马奇秀粉蝶*Hesperocharis marchalii*分布于哥伦比亚至阿根廷。秀粉蝶属共12种，翅腹面具迷人的深色翅脉与“V”形斑纹。

红襟粉蝶*Anthocharis cardamines*分布于欧洲、温带亚洲至日本。典型的春季种，见于林间和多花的草地。

端粉蝶族COLOTINI

这里列出的各属的分类地位尚不完全清楚，一些分类学家将角粉蝶属*Eronia*、橙粉蝶属*Ixias*、乃粉蝶属*Nepheronia*和青粉蝶属*Pareronia*归为乃粉蝶族NEPHERONINI。广义的端粉蝶族包括86种。大多数种类主要或仅分布于非洲，但鹤顶粉蝶属*Hebomoia*和青粉蝶属*Pareronia*为印度、澳大利亚地区特有。

所包含的属：卡洛粉蝶属*Calopieris*、珂粉蝶属*Colotis*、角粉蝶属*Eronia*、吉粉蝶属*Gideona*、鹤顶粉蝶属*Hebomoia*、橙粉蝶属*Ixias*、乃粉蝶属*Nepheronia*、青粉蝶属*Pareronia*、屏粉蝶属*Pinacopteryx*。

斑袖珂粉蝶*Colotis danae*分布于非洲、阿拉伯半岛、马达加斯加和印度。观察这种蝴蝶的最佳时机是在温暖的阴天早晨，它们会打开翅膀晒太阳。

小橙角珂粉蝶*Colotis etrida*分布于印度和斯里兰卡。常见其在刺槐和干旱的草地上半开着翅膀晒太阳。

彩袖珂粉蝶*Colotis euippe*分布于非洲和马达加斯加。珂粉蝶属共50种，其中42种仅分布于非洲。

鹤顶粉蝶*Hebomoia glaucippe*分布于印度至日本、马来西亚和印度尼西亚。鹤顶粉蝶属的另外一种红翅鹤顶粉蝶*H. leucippe*前翅完全为橙色，后翅为柠檬黄色。

白雾橙粉蝶*Ixias marianne*分布于印度。本种生活在荆棘灌丛和干燥的开阔落叶林中，傍晚通常可见其在低处的叶片上晒太阳。

橙粉蝶*Ixias pyrene*分布于印度至马来西亚、巴拉望岛和印度尼西亚。雨季时在灌丛地带和草原上很常见。

黑缘乃粉蝶*Nepheronia argia*分布于非洲。上图为雄蝶。雌蝶后翅腹面呈白色或黄色，并具模糊的黑色边缘。

塔乃粉蝶*Nepheronia thalassina*分布于撒哈拉以南的非洲。本种翅背腹两面皆为亮蓝色。

小檗青粉蝶*Pareronia hippia*分布于印度至中国。这种常见的蝴蝶与缬草青粉蝶*P. valeria*十分相似，后者分布于马来西亚和印度尼西亚。两者可能都拟态有毒的青斑蝶*Tirumala limniace*。

纤粉蝶族LEPTOSIAINI

纤粉蝶族的所有成员都归属于纤粉蝶属*Leptosia*。其中2种分布于东洋界，7种分布于非洲。后者被俗称为"后空翻"（flip–flops），得名于其缓慢的上下飞行的姿势。

所包含的属：纤粉蝶属*Leptosia*。

纤粉蝶*Leptosia nina*分布于印度至越南、巴拉望岛、马来西亚、印度尼西亚和新几内亚岛。这种常见的森林蝶种是纤粉蝶属唯一不分布在非洲的种类。

粉蝶族PIERINI

在当前的分类系统中，粉蝶族包括43属，717种。分布于除南极洲外的各大洲，生活于几乎各种生境，包括荒漠、热带草原、热带雨林和高山草甸。大多数种翅背面白色并具稀疏的黑色斑点，但斑粉蝶属*Delias*、锯粉蝶属*Prioneris*和帕粉蝶属*Perrhybris*色彩鲜艳，具混合的橙色、红色和（或）黄色斑点或条纹。

所包含的属：奥粉蝶属*Aoa*、绢粉蝶属*Aporia*、尖粉蝶属*Appias*、珠粉蝶属*Archonias*、纯粉蝶属*Ascia*、侏粉蝶属*Baltia*、贝粉蝶属*Belenois*、彩粉蝶属*Catasticta*、圆粉蝶属*Cepora*、沙罗粉蝶属*Charonias*、斑粉蝶属*Delias*、迪粉蝶属*Dixeia*、药粉蝶属*Elodina*、油粉蝶属*Eucheira*、甘粉蝶属*Ganyra*、革粉蝶属*Glennia*、白粉蝶属*Glutophrissa*、灰粉蝶属*Hypsochila*、次福粉蝶属*Infraphulia*、珍粉蝶属*Itaballia*、镂粉蝶属*Leodonta*、黎粉蝶属*Leptophobia*、芦粉蝶属*Leuciacria*、酪粉蝶属*Melete*、妹粉蝶属*Mesapia*、迷粉蝶属*Mylothris*、娆粉蝶属*Neophasia*、黑粉蝶属*Pereute*、帕粉蝶属*Perrhybris*、福粉蝶属*Phulia*、梅粉蝶属*Phrissura*、俳粉蝶属*Piercolias*、皮埃粉蝶属*Pieriballia*、粉蝶属*Pieris*、派粉蝶属*Pierphulia*、云粉蝶属*Pontia*、锯粉蝶属*Prioneris*、瑞粉蝶属*Reliquia*、沙粉蝶属*Saletara*、苏粉蝶属*Sinopieris*、席粉蝶属*Synchloe*、唇粉蝶属*Tatochila*、脉粉蝶属*Theochila*。

绢粉蝶*Aporia crataegi*分布于欧洲和温带亚洲至日本。绢粉蝶属共30种，大多数为中国特有种。

异色尖粉蝶*Appias lyncida*分布于印度至中国、菲律宾、马来西亚和印度尼西亚。本种翅腹面黄色并具棕色宽边，十分容易识别。

镶边尖粉蝶*Appias olferna*分布于印度东北部至越南。尖粉蝶属的大多数种翅背面纯白色，顶角具黑色斑纹。红翅尖粉蝶*A. nero*是一个例外，其翅面为鲜艳的橙色。

树尖粉蝶*Appias sylvia*分布于撒哈拉以南的非洲。尖粉蝶属共42种，大多数分布于东洋界，但也有6种分布在非洲，另有4种分布可及澳大利亚。

珠粉蝶*Archonias brassolis*分布于巴拿马至巴拉圭。上图是来自哥伦比亚的亚种*A. brassolis nigripennis*，它拟态番凤蝶属*Parides*。亚马孙河流域的亚种*A. brassolis negrina*则拟态海神袖蝶*Heliconius doris*。

金贝粉蝶*Belenois aurota*分布于撒哈拉以南的非洲、马达加斯加、阿拉伯半岛和南亚次大陆。本种多数情况下翅两面均为白色。黄色型只见于印度南部和斯里兰卡。

非洲贝粉蝶*Belenois theora*分布于几内亚至苏丹，向南可及刚果和坦桑尼亚。具很强迁飞习性的种类，在开阔的林地很常见。贝粉蝶属约30种，其中25种分布于非洲。

黑彩粉蝶*Catasticta ctemene*分布于哥斯达黎加至玻利维亚。彩粉蝶属共90种，都生活在高海拔的云雾林中。大多数种翅腹面具黄色斑点，翅基部具红色小斑点。

灵魂彩粉蝶*Catasticta nimbata*分布于秘鲁和玻利维亚。彩粉蝶属英文俗名“dartwhite”（飞镖白）意指其翅边缘具黄色的飞镖形或箭形斑纹。

白带彩粉蝶*Catasticta sisamnus*分布于哥伦比亚至玻利维亚。彩粉蝶属很多种的分布十分局限，但白带彩粉蝶却广泛分布于安第斯山脉一带。经常可见其在山间溪流岸边吸水。

淡褐脉粉蝶*Cepora nadina*分布于印度至中国、马来西亚和印度尼西亚。本种只有湿季型为黄色，而干季型体色偏白。

得失斑粉蝶*Delias descombesi*分布于尼泊尔至马来西亚和印度尼西亚。斑粉蝶属的种多数时间都生活在树冠层，寻求配偶或者寻找槲寄生来产卵。

洒青斑粉蝶*Delias sanaca*分布于尼泊尔至中国和越南。本种是斑粉蝶中少数几个会定期到湿润地面吸水的种之一。

黑脉斑粉蝶*Delias eucharis*分布于印度和缅甸。斑粉蝶属共225种，分布从印度一直到澳大利亚。它们的生境多种多样，包括云雾林、热带雨林和荆棘灌丛。

黄晕迪粉蝶*Dixeia cebron*分布于科特迪瓦至刚果。迪粉蝶属共9种，分布于撒哈拉以南的非洲。

珐罗甘粉蝶*Ganyra phaloe*分布于墨西哥至亚马孙河流域。通过翅中室端部的深色斑块、翅基部的橙黄色斑痕和蓝绿色的触角端部能十分容易地识别本种。

黄基白翅尖粉蝶*Glutophrissa drusilla*分布于美国南部至安第斯山脉和亚马孙河流域。本种有的个体翅背面具模糊的深色边缘。

德珍粉蝶*Itaballia demophile*分布于墨西哥至巴拉圭。生活在林缘地带，本种会大量聚集在亚马孙河河滩上。

珍粉蝶*Itaballia pandosia*分布于危地马拉至亚马孙河流域。这种生活在林间的蝴蝶能缪氏拟态娜绡蝶属*Napeogenes*的种类。

镂粉蝶*Leodonta dysoni*分布于哥斯达黎加至委内瑞拉。镂粉蝶属的5个种与彩粉蝶属相似，但前者翅缘具圆齿。

黎粉蝶*Leptophobia eleone*分布于哥伦比亚至秘鲁。黎粉蝶属的所有种都具明显的绿色复眼。本种翅腹面具引人注目的丝质光泽。

黄裙黎粉蝶*Leptophobia caesia*分布于哥斯达黎加至厄瓜多尔。本种两性的翅背面皆为蓝色，并具黑色宽边。

锚纹黎粉蝶*Leptophobia tovaria*分布于巴拿马至阿根廷。与同属的其他种一样，本种也生活于云雾林中。

指名酪粉蝶*Melete lycimnia*分布于美国得克萨斯至玻利维亚。本种不同亚种的翅腹面具有不同底色，从淡黄色直至纯白色。翅缘深色带纹的宽度变化也很强烈。

白花酪粉蝶*Melete leucanthe*分布于哥伦比亚至玻利维亚。黑色的翅脉使本种与酪粉蝶属的另外5种区别明显。

黑裙边迷粉蝶*Mylothris chloris*分布于撒哈拉以南的非洲。是迷粉蝶属中翅缘不具斑点的少数种类之一。

秘迪迷粉蝶*Mylothris dimidiate*分布于塞拉利昂至加纳。迷粉蝶属共65种，大多数种类白色泛黄，后翅边缘具6个黑色圆斑。

红弧黑粉蝶*Pereute callinira*分布于安第斯山脉东部。黑粉蝶属的所有种翅都为黑色，前翅具红色、黄色或蓝色斜带纹，后翅具蓝色鳞片。它们生活在云雾林的瀑布边。

帕粉蝶*Perrhybris pamela*分布于墨西哥至玻利维亚和亚马孙河流域。帕粉蝶属的3个种都具性二型现象。雄蝶翅背面主要呈白色，而雌蝶具黑色和橙色斑纹，能拟态有毒的斑蝶。

欧洲粉蝶*Pieris brassicae*分布于欧洲、北非和温带亚洲。这种漂亮的蝴蝶常被当作体型更小的菜粉蝶*P. rapae*，它们对芸薹属*Brassica*作物的危害还远不及甘蓝夜蛾*Mamestra brassicae*。

东方菜粉蝶*Pieris canidia*分布于印度至中国和日本。通过深色的翅腹面能够十分容易地识别本种，见于亚热带山地森林和潮湿的温带低地。

暗脉菜粉蝶*Pieris napi*分布于欧洲和温带亚洲。粉蝶属包括30个已知种，但其中一些可能仅是暗脉菜粉蝶的亚种，这需要分类修订进一步揭示。

云粉蝶*Pontia daplidice*分布于欧洲、北非、温带亚洲、印度、中国和日本。云粉蝶属共11种，其中4种分布在北美洲。

银珠锯粉蝶*Prioneris philonome*分布于马来西亚和印度尼西亚。与斑粉蝶属*Delias*一样，锯粉蝶属也具有由红色、黄色、黑色与白色组成的鲜艳的色彩模式。这两个属对鸟类而言都有毒。

锯粉蝶*Prioneris thestylis*分布于印度至中国和马来半岛。锯粉蝶属所有种都极其警觉，受到轻微扰动就会立即飞走。

（三四）蓝粉蝶亚科

Pseudopontiinae

蓝粉蝶亚科最初仅1个种，但目前已知实际上是有5个非常相似的种，可以通过基因序列和脉序的差异来区分。奇怪的是，这类蝴蝶的触角不呈棒状。

（无族级划分）

最广布的蓝粉蝶*Pseudopontia paradoxa*分布于塞拉利昂至刚果和乌干达。这是一种体型很小的蝴蝶，具圆而半透明的白色翅膀，与它娇小的身体和短小的触角比起来显得十分庞大。

所包含的属：蓝粉蝶属*Pseudopontia*。

八、蚬蝶科

RIODINIDAE

这一多样性极高的科包含1 420个种，其中1 342种仅分布于新热带界。蚬蝶很多特征与灰蝶相似，但在香鳞和翅脉上展现出不同。该科所有雄蝶前足退化，但雌蝶正常。

（三五）优蚬蝶亚科

Euselasiinae

新热带界特有的亚科，包括170种。黑框蚬蝶属*Methone*包括唯一的橙黑相间的种。雅蚬蝶属*Hades*仅2种，黑色且翅基部具红斑。与优蚬蝶属*Euselasia*的167个种一样，它们都长时间停息在叶片下方。

优蚬蝶族EUSELASINI

优蚬蝶族的种类在停息时通常会合上翅膀，但当它们飞行时人们可以瞥见其金属铜色或蓝色的翅背面。雄蝶喜欢在叶片边缘倒挂着休息。这种姿势便于它们迅速起飞攻击入侵的雄蝶或盘查过往的雌蝶。少数种，如佩龙优蚬蝶*E. pellonia*和角优蚬蝶*E. angulata*在低矮的草木上停息，但大多数都停在2~5m（6.5~16ft）这样的较高位置上。

所包含的属：优蚬蝶属*Euselasia*、雅蚬蝶属*Hades*、黑框蚬蝶属*Methone*。

贝蒂优蚬蝶*Euselasia bettina*分布于尼加拉瓜至厄瓜多尔。本种翅背面黑色，翅腹面为单一的淡黄色，非常容易识别。

金斑优蚬蝶*Euselasia chrysippe*分布于墨西哥至哥伦比亚。本种翅背面为如火的黄铜色，前翅具黑色宽边。

幽默优蚬蝶*Euselasia eumedia*分布于哥伦比亚至圭亚那。这种可爱的蝴蝶在叶片上行走时会不停踮脚旋转。

锦纹优蚬蝶*Euselasia orfita*分布于厄瓜多尔至玻利维亚。与优蚬蝶属的其他种一样，雄蝶习惯停在树叶下方。

佩龙优蚬蝶*Euselasia pellonia*分布于巴西东南部。雌蝶翅背面深棕色，而雄蝶则具金属天蓝色光泽。

托平优蚬蝶*Euselasia toppini*分布于亚马孙河流域和安第斯山脉东部。是优蚬蝶属色彩最丰富、斑纹最鲜艳的一种，通常独自活动，可见其停息在热带雨林树苗的顶梢上。

黄斑优蚬蝶*Euselasia thucydides*分布于巴西东南部。与幽优蚬蝶*E. eugeon*一样后翅具叶状扩展和翅腹面具保护色的。本种翅背面具显著的橙色斑纹。

乌泽优蚬蝶*Euselasia uzita*分布于亚马孙河流域。这种花哨的小蝴蝶大多数时间都藏在叶片下，偶尔进行短距离快速飞行，有时可见其在叶片上无规律地跳跃。

（三六）古蚬蝶亚科

Nemeobiinae

古蚬蝶亚科分布于旧世界，所有成员暂时归于褐蚬蝶族Abisarini。

褐蚬蝶族ABISARINI

褐蚬蝶族目前包含93种。仅橙红斑蚬蝶*Hamearis lucina*一个种分布于欧洲。其余种类广泛分布于非洲、东洋界和印度尼西亚，其中一种（前列蚬蝶*Praetaxila segecia*）可达澳大利亚东北部。该族许多种类生境较局限，通常在森林中。它们习惯于半开着翅膀晒太阳。

所包含的属：褐蚬蝶属*Abisara*、迪蚬蝶属*Dicallaneura*、尾蚬蝶属*Dodona*、红斑蚬蝶属*Hamearis*、莱蚬蝶属*Laxita*、暗蚬蝶属*Paralaxita*、小蚬蝶属*Polycaena*、前列蚬蝶属*Praetaxila*、沙蚬蝶属*Saribia*、白蚬蝶属*Stiboges*、豹蚬蝶属*Takashia*、塔蚬蝶属*Taxila*、波蚬蝶属*Zemeros*。

长尾褐蚬蝶*Abisara neophron*包括本种在内的13种褐蚬蝶分布于东洋界。除此之外还有11种分布于热带非洲，与褐蚬蝶属十分近缘的沙蚬蝶属*Saribia*的3个种分布于马达加斯加。

双带褐蚬蝶*Abisara bifasciata*分布于印度和缅甸。本种常快速而不规律地在林间上下飞舞。

黄带褐蚬蝶*Abisara fylla*分布于印度锡金至中国西南部。这种引人注目的蝴蝶常半开着翅停在树木或灌木的叶片上。

大斑尾蚬蝶*Dodona egeon*分布于印度阿萨姆至中国西南部。尾蚬蝶属共18种，其特点为后翅臀角具一个短小的尾突。

橙红斑蚬蝶*Hamearis lucina*分布于欧洲。见于开阔的林缘地带。该种是欧洲唯一的蚬蝶。

塔蚬蝶*Taxila haquinus*分布于印度至马来西亚、婆罗洲、巴拉望岛和印度尼西亚。这种行踪隐秘的蝴蝶生活在小溪旁或河边的密林中。

波蚬蝶*Zemeros flegyas*分布于印度至马来西亚和印度尼西亚。这种迷人的蝴蝶通常三两只一起活动，有时也会十几只聚在一起，在夕阳映射的小路上飞舞。

（三七）蚬蝶亚科

Riodininae

目前蚬蝶亚科是蝴蝶中最大的亚科。已知的1 157种，在外形、颜色和斑纹上极富变化。多数种类触角向端部渐细，眼睛深色，腹部粗短。很多种类在叶片下停息，翅完全张开，随时准备立即起飞。很多种类具金属银色、蓝色或绿色的鳞片。

白珂蚬蝶族CORRACHIINI

白珂蚬蝶族仅含白珂蚬蝶*Corrachia leucoplaga*一种，为哥斯达黎加特有种。其翅背腹两面都为灰棕色，前翅中部具一个白色大斑。

所包含的属：白珂蚬蝶属*Corrachia*。

海蚬蝶族EURYBIINI

海蚬蝶族包括两个新热带界的属：海蚬蝶属*Eurybia*和箩纹蚬蝶属*Alesa*。后者包含8个种，包括翡翠箩纹蚬蝶*A. esmeralda*，本种雄蝶具亮蓝绿色金属光泽。海蚬蝶属共21种，多数种类前翅具显著的带橙色边缘的眼斑。该属成虫藏于叶片下方，偶尔飞出去追逐其他蝴蝶，但很快又停回附近的叶片。它们动作迅速而敏捷，可以很快飞上飞下又迅速停到叶片下方，简直不可思议。

所包含的属：箩纹蚬蝶属*Alesa*、海蚬蝶属*Eurybia*。

圆海蚬蝶*Eurybia cyclopia*分布于哥斯达黎加至厄瓜多尔。海蚬蝶属的多数种前翅具显著的、中央呈蓝色的眼斑。一些种类，如陆海蚬蝶*E. lycisca*、温海蚬蝶*E. unxia*和摩罗海蚬蝶*E. molochina*的翅背面具蓝色光泽。

摩罗海蚬蝶*Eurybia molochina*分布于亚马孙河流域。海蚬蝶属雄蝶通常藏于叶下并张开翅膀，偷偷观察过往的蝴蝶，准备伏击雌蝶或驱逐其他雄蝶。

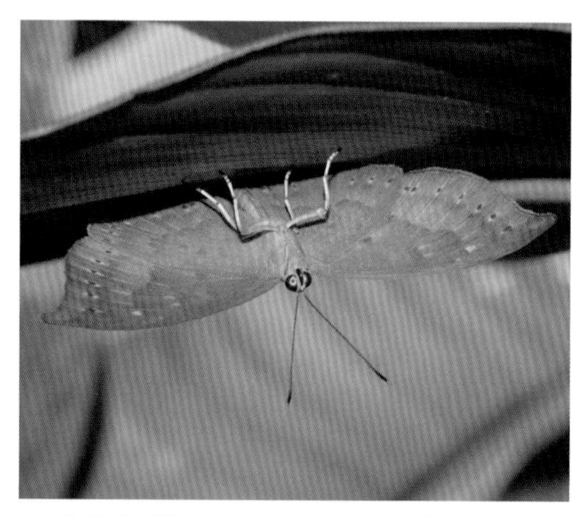

波儿海蚬蝶*Eurybia pergaea*分布于巴西南部。海蚬蝶属只有2种（本种和卡咯海蚬蝶*E. carolina*）的前翅呈钩状。有时可见多达5只波儿海蚬蝶藏在一片蝎尾蕉属*Heliconia*植物的叶片下方。

须缘蚬蝶族HELICOPINI

须缘蚬蝶族包含4个新热带界的属，其特征在于翅腹面引人注目的花纹、典型的棒状触角和长有浓密毛发的足。大多数时候四翅竖立藏在叶片下方，一天中只在特定时间进行短暂活动。

所包含的属：安蚬蝶属*Anteros*、须缘蚬蝶属*Helicopis*、偶蚬蝶属*Ourocnemis*、小尾蚬蝶属*Sarota*。

安蚬蝶*Anteros formosus*分布于洪都拉斯至玻利维亚。安蚬蝶属的种类具密布白毛的足，使它们看上去非常可爱。尽管可以快速飞行，它们却长时间停在叶下保持不动。

库安蚬蝶*Anteros kupris*分布于哥斯达黎加至玻利维亚。安蚬蝶属多数种类翅腹面为乳白色，具有红色斑纹和突起的银色斑点。

普安蚬蝶*Anteros principalis*分布于哥伦比亚至秘鲁。这种小型蝴蝶很难被发现，因为多数时间它都藏在石缝之间。

克拉小尾蚬蝶*Sarota chrysus*分布于墨西哥至玻利维亚和巴西。本种分布极其狭窄，所以当发现一只后一定会在旁边发现更多。小尾蚬蝶属共20种，包括一些具多个尾突的种。

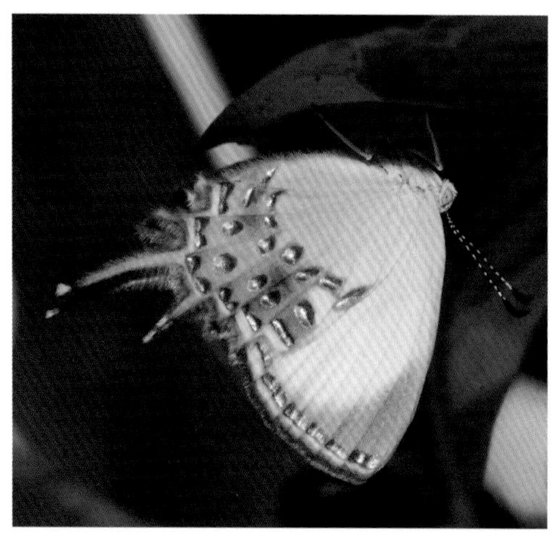

须缘蚬蝶*Helicopis cupido*分布于亚马孙河流域。须缘蚬蝶属共3种，它们后翅具有多个尾突，还带有金属色的斑纹。通常藏在沼泽和咸水湖周边的叶片下。

钩小尾蚬蝶*Sarota gyas*分布于哥伦比亚至巴西南部。小尾蚬蝶属蝴蝶色斑鲜艳，但因其飞行迅速、轨迹不定，因此不易看清，常与其他小飞虫混淆而被忽略。

美眼蚬蝶族MESOSEMIINI

美眼蚬蝶族包括14属，188种，全部来自新热带界。其中最大的属是美眼蚬蝶属*Mesosemia*，包括122种，特征在于翅面显著的眼斑和与众不同的白色或金属蓝绿色弯曲带纹。它们习惯于半开着翅膀，一步一停地沿折线在树叶表面走动，动作如同机器人一般，也因此而著名。

所包含的属：幽蚬蝶属*Eucorna*、游蚬蝶属*Eunogyra*、神蚬蝶属*Hermathena*、虎蚬蝶属*Hyphilaria*、蓝纹蚬蝶属*Ionotus*、丽绡蚬蝶属*Ithomiola*、环眼蚬蝶属*Leucochimona*、中眼蚬蝶属*Mesophthalma*、美眼蚬蝶属*Mesosemia*、纳蚬蝶属*Napaea*、帕蚬蝶属*Perophthalma*、纹眼蚬蝶属*Semomesia*、彩蚬蝶属*Teratophthalma*、沃蚬蝶属*Voltinia*。

窜动美眼蚬蝶*Mesosemia erinnya*分布于亚马孙河流域。美眼蚬蝶属的种类通常藏在叶子下面。如果受到惊扰，它们会以“Z”形快速乱窜3~4 s，然后立马消失在另一片叶子下。

腊环眼蚬蝶*Leucochimona lagora*分布于洪都拉斯至厄瓜多尔。环眼蚬蝶属的10个种具白色半透明的翅，在前翅中室或外缘处有一个小的眼斑。

太平美眼蚬蝶*Mesosemia pacifica*分布于哥伦比亚。美眼蚬蝶属大多数种前翅具显著的眼斑，通常还有白色和（或）蓝色鳞片组成的带纹。

辛美眼蚬蝶*Mesosemia sirenia*分布于秘鲁、玻利维亚和巴西西南部。辛美眼蚬蝶复合体包括几十个种，翅面具不同宽度的白色带纹，后翅具排列形式多样的一系列精巧波状线纹。

瑰蚬蝶*Napaea actoris*纳蚬蝶属*Napaea*目前包括15个种，其中一些（包括该种）之前被置于虎蚬蝶属*Hyphilaria*。

蛱蚬蝶族HYMPHIDIINI

蛱蚬蝶族共320种，颜色与斑纹极富变化。例如娆蚬蝶属*Theope*的大部分种类翅背面的金属蓝色，翅腹面的亮黄色。与之相反，拟蛱蚬蝶属*Juditha*、米卡蚬蝶属*Mycastor*、蛱蚬蝶属*Nymphidium*、拟螟蚬蝶属*Synargis*和洁蚬蝶属*Thisbe*的大多数种翅呈棕色，并具较宽的白色带纹和橙色亚缘斑纹。最令人惊讶的是刀尾蚬蝶*Rodinia calphurina*，它具有宽阔的镰刀状尾突，上有红色、白色和蓝色的条纹。

所包含的属：悌蚬蝶属*Adelotypa*、古蛱蚬蝶属*Archaeonympha*、霓蚬蝶属*Ariconias*、裙蚬蝶属*Ariconias*、斑蚬蝶属*Audre*、尖翅蚬蝶属*Behemothia*、褐纹蚬蝶属*Calicosama*、美洛蚬蝶属*Calociasma*、霓蚬蝶属*Calospila*、卡多蚬蝶属*Catocyclotis*、孔蚬蝶属*Comphotis*、杜斯蚬蝶属*Dysmathia*、埃蚬蝶属*Echenais*、叶蚬蝶属*Hypophylla*、茭蚬蝶属*Joiceya*、拟蛱蚬蝶属*Juditha*、林蚬蝶属*Lemonias*、媚蚬蝶属*Menander*、米卡蚬蝶属*Mycastor*、蛱蚬蝶属*Nymphidium*、潘迪蚬蝶属*Pandemos*、波丽蚬蝶属*Periplacis*、指蚬蝶属*Protonymphidia*、刀尾蚬蝶属*Rodinia*、瑟蚬蝶属*Setabis*、拟螟蚬蝶属*Synargis*、妖蚬蝶属*Theope*、洁蚬蝶属*Thisbe*、泽蚬蝶属*Zelotaea*。

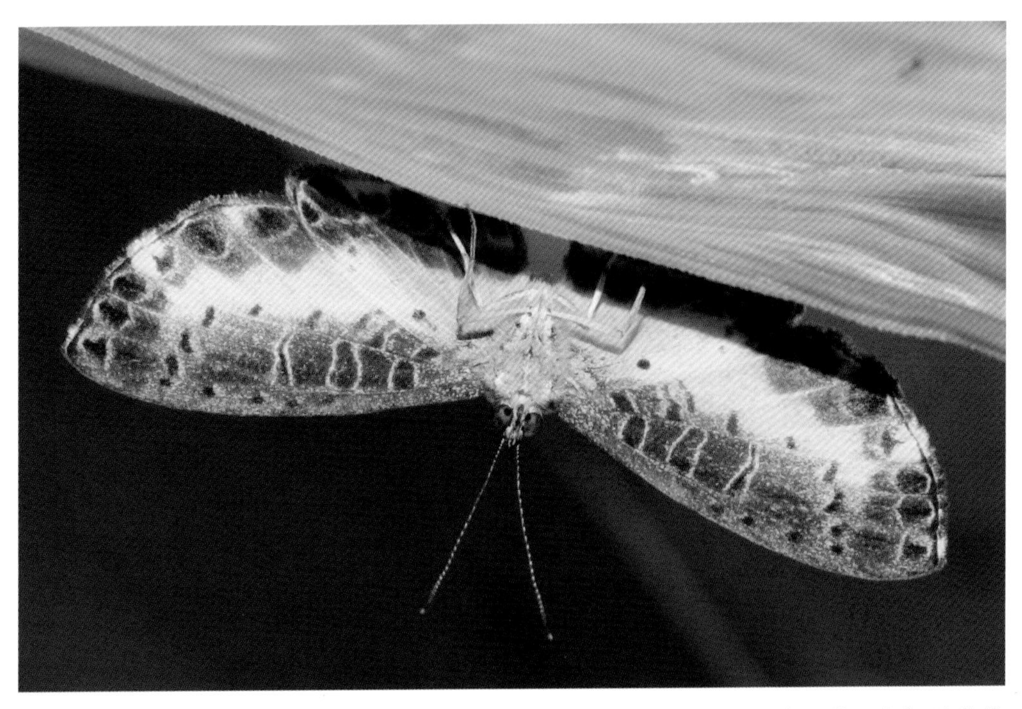

薄缇蛱蚬蝶*Nymphidium baeotia*分布于巴拿马至秘鲁。蛱蚬蝶属共33种，它们通常停息于叶下并保持双翅展开。

卡蛱蚬蝶*Nymphidium carmentis*分布于厄瓜多尔至玻利维亚。和很多蚬蝶一样，该种在休息时通常保持其触角平行。

橙点蛱蚬蝶*Nymphidium plinthobaphis*分布于亚马孙河流域。蛱蚬蝶属成员飞行姿态优雅，看上去十分脆弱，与强壮的拟蛱蚬蝶属*Juditha*和拟螟蚬蝶属*Synargis*显然不同。

凯露拟螟蚬蝶*Synargis calyce*分布于哥伦比亚至秘鲁和巴西。拟螟蚬蝶属共26种，变化多端，包括蛱蚬蝶属*Nymphidium*的种类，如本种，还有的与银蚬蝶属*Emesis*、苞蚬蝶属*Baeotis*和洁蚬蝶属*Thisbe*的种类相似。

蚬蝶族RIODININI

变化多端的蚬蝶族共包含281种，都产于新热带界。一些种类的后翅具叶状延伸或华丽的长尾突。其他种类翅圆且无尾突。很多种类都有红色或橙色的带纹，而且几乎都有银色或闪耀的蓝色、绿色或铜色斑纹。很多种类整天都呆在叶子下，并将两翅完全展开。在炎热的夏天，有些种类会张开翅膀在叶子上晒太阳，或在地上吸取水分。

所包含的属：星蚬蝶属*Amarynthis*、艾姆蚬蝶属*Amphiselenis*、曲蚬蝶属*Ancyluris*、苞蚬蝶属*Baeotis*、须蚬蝶属*Barbicornis*、短尾蚬蝶属*Brachyglenis*、细纹蚬蝶属*Calephelis*、咖蚬蝶属*Caria*、凯蚬蝶属*Cariomothis*、卡特蚬蝶属*Cartea*、露蚬蝶属*Chalodeta*、茶蚬蝶属*Chamaelimnas*、纹蚬蝶属*Charis*、凤蚬蝶属*Chorinea*、卡拉蚬蝶属*Colaciticus*、珍蚬蝶属*Crocozona*、白鱼蚬蝶属*Cyrenia*、达蚬蝶属*Dachetola*、德蚬蝶属*Detritivora*、爻蚬蝶属*Exoplisia*、艾莎蚬蝶属*Isapis*、绡蚬蝶属*Ithomeis*、腊蚬蝶属*Lasaia*、琴蚬蝶属*Lyropteryx*、黑蚬蝶属*Melanis*、迷蚬蝶属*Mesene*、黑纹蚬蝶属*Metacharis*、莫尼蚬蝶属*Monethe*、奈蚬蝶属*Nahida*、绿带蚬蝶属*Necyria*、妮蚬蝶属*Nirodia*、条蚬蝶属*Notheme*、斜黄蚬蝶属*Panara*、釉蚬蝶属*Paraphthonia*、细带蚬蝶属*Parcella*、菲蚬蝶属*Pheles*、松蚬蝶属*Rhetus*、蚬蝶属*Riodina*、色蚬蝶属*Seco*、溪蚬蝶属*Siseme*、燕尾蚬蝶属*Syrmatia*、鹅蚬蝶属*Themone*。

红纹星蚬蝶*Amarynthis meneria*分布于亚马孙河流域。是热带雨林中标志性的蝴蝶，通常独自活动，在叶片上晒太阳，有时也停息于潮湿的土壤或沙地上。

尖曲蚬蝶*Ancyluris aulestes*分布于哥伦比亚至秘鲁和巴西。曲蚬蝶属的16个种都具长尾突，它们乌黑色的翅面都饰有红色带纹。

黄环曲蚬蝶*Ancyluris inca*分布于墨西哥至玻利维亚。本种共有7个亚种，不同亚种间翅面的红色带纹和蓝色斑纹在宽度上变化极大。

白带曲蚬蝶*Ancyluris jurgensenii*分布于墨西哥至哥伦比亚。曲蚬蝶属所有种翅腹面皆为金属蓝色。

盲曲蚬蝶*Ancyluris mira*分布于哥伦比亚至玻利维亚。稀有种，通常见于山间溪流附近。

施陶苞蚬蝶*Baeotis staudingeri*分布于哥伦比亚至秘鲁。苞蚬蝶属的一些种翅面的深色带纹使其淡黄色的底色变得模糊。但对于黄斑苞蚬蝶*B. macularia*和硫黄苞蚬蝶*B. sulpburea*，深色带纹退化成为一系列深色小斑点。

艾斯短尾蚬蝶*Brachyglenis esthema*分布于哥斯达黎加至秘鲁。短尾蚬蝶属共4种，通常独自活动，见于热带雨林与云雾林交界处的溪流附近。

腊细纹蚬蝶*Calephelis laverna*分布于墨西哥至巴西。细纹蚬蝶属的多数种类翅腹面为橙色，饰以黑色斑点与银色线纹，但彩虹细纹蚬蝶*C. iris*和瓦陋细纹蚬蝶*C. velutina*雄性翅腹面却为金属蓝色。

金咖蚬蝶*Caria chrysame*分布于秘鲁至玻利维亚。本种翅面覆盖着闪亮的蓝色和绿色鳞片，当它停在长满苔藓的石头上时，这种宝石一般的小蝴蝶却出人意料地很容易被忽视。

闪绿咖蚬蝶*Caria mantinea*分布于巴拿马至玻利维亚。这种漂亮的蝴蝶的准确分布范围尚属未知，因为它常易与咖蚬蝶属的其他种混淆。

碎斑咖蚬蝶*Caria rhacotis*分布于墨西哥至秘鲁。咖蚬蝶属的种类飞行迅速，路线飘忽不定，因此尽管它们色彩鲜艳，但要看清它们非常困难。

波咖蚬蝶*Caria sponsa*分布于厄瓜多尔和秘鲁。是咖蚬蝶属体型最小的种，翅展小于20 mm（0.8 in）。

圆咖蚬蝶*Caria trochilus*分布于秘鲁、巴西和圭亚那。本种翅背面的金属红色、蓝色、绿色和橙色鳞片与乌黑的底色形成鲜明对比。

朝露蚬蝶*Chalodeta chaonitis*分布于墨西哥至巴西。这种小型蝴蝶晒太阳时常将翅举起呈杯状。

露蚬蝶*Chalodeta theodora*分布于哥伦比亚至玻利维亚。露蚬蝶属最漂亮的种之一，见于热带雨林与云雾林交界的地方。

布龙茶蚬蝶*Chamaelimnas briola*分布于安第斯山脉东部、巴西和巴拉圭。这种美丽的蝴蝶翅上黄色和黑色斑纹在不同个体间变化极大。

纹蚬蝶*Charis anius*分布于洪都拉斯至巴西。这种常见的云雾林蝴蝶翅腹面呈金属蓝色，而与之相似的德蚬蝶属*Detritivora*的种翅腹面则为褐色。

凯帝纹蚬蝶*Charis cadytis*分布于巴西东南部。这种漂亮的蝴蝶是大西洋沿岸热带雨林中的特有种。

亚马凤蚬蝶*Chorinea amazon*分布于亚马孙河流域上游。凤蚬蝶属共8种，是蚬蝶科中最与众不同的类群，具有带燕尾的透明的翅。

德蚬蝶*Detritivora matic*分布于哥伦比亚、厄瓜多尔和秘鲁。这种蝴蝶起初被称为*Charis matic*，之后分类学家将其移到德蚬蝶属*Detritivora*。

华丽绡蚬蝶*Ithomeis aurantiaca*分布于巴拿马至玻利维亚。本种对绡蝶属*Ithomia*的拟态启发了传奇探险家亨利•沃尔特•贝兹（Henry Walter Bates），使他意识到一些无毒的蝴蝶在外表上会拟态一些对鸟类有毒的蝴蝶。

红带珍蚬蝶*Crocozona coecias*分布于安第斯山脉和亚马孙河流域。珍蚬蝶属共4种，体型小而美丽，本种是其中最常见和最广布的种类。

蓝腊蚬蝶*Lasaia agesilas*分布于墨西哥至巴拉圭。腊蚬蝶属共16种，特征在于它们绿色的眼睛、具蓝色光泽的翅和盾状的外形。

埃腊蚬蝶*Lasaia arsis*分布于亚马孙河流域上游。当它在阳光下跳跃时，可见其颜色在蓝绿色和宝石蓝色之间转变。其英文俗名“Cat's-eye sapphire”源于后翅前缘猫眼状的斑纹。

细纹腊蚬蝶*Lasaia moeros*分布于秘鲁和玻利维亚。与同属的其他种相比，本种具更近似线状的斑纹。它拥有美丽的天蓝色翅，没有丝毫的绿色或蓝绿色掺杂其中。

阿波罗琴蚬蝶*Lyropteryx apollonia*分布于安第斯山脉东部。这种可爱的云雾林蝴蝶比同是琴蚬蝶属的其他种更大。它通常停息在山间溪边的岩石上。

宅黑蚬蝶*Melanis electron*分布于危地马拉至秘鲁和巴西东南部。黑蚬蝶属所有种翅皆为黑色。多数种类翅基部具红色斑点，前翅具黄色或橙色斜带。

褐黑蚬蝶*Melanis hillapana*分布于秘鲁、玻利维亚、阿根廷和巴拉圭。黑蚬蝶属共27种，分布从墨西哥一直到乌拉圭。

玛黑蚬蝶*Melanis marathon*分布于哥伦比亚至秘鲁和巴拉圭。黑蚬蝶通常独自活动，常在空地或石头上吸食水分。

红腋黑蚬蝶*Melanis smithiae*分布于秘鲁至阿根廷。本种可能是黑蚬蝶属最广布和最常见的种类。

微克黑纹蚬蝶*Metacharis victrix*分布于尼加拉瓜至厄瓜多尔。本种雌雄性具有相同的斑纹，但是雄蝶翅表面具反光的蓝色鳞片，使斑纹显得模糊。

黄褐黑纹蚬蝶*Metacharis regalis*分布于安第斯山脉东部和亚马孙河流域。黑纹蚬蝶属共11种，分布从墨西哥一直到玻利维亚和亚马孙河流域。

索斜黄蚬蝶*Panara soana*分布于巴西南部。斜黄蚬蝶属的5个种前翅都有橙色带纹，但后翅的带纹只在索斜黄蚬蝶*P. soana*、斜黄蚬蝶*P. jarbas*和欧斜黄蚬蝶*P. ovifera*的特定亚种中出现。

绿带蚬蝶*Necyria bellona* 分布于哥伦比亚至秘鲁。本种色斑富于变化，一些类型的红色斑纹形成宽带贯穿整个翅面。

细带蚬蝶*Parcella amarynthina*分布于哥伦比亚至阿根廷。当其停息时，这种小型蝴蝶经常举起翅膀摆出轻微向上弯曲的姿势。

长尾松蚬蝶*Rhetus arcius*分布于墨西哥至秘鲁和亚马孙河流域上游。在安第斯山脚下的某些地方，有时可见数十只雄蝶聚集在溪流岸边。

紫松蚬蝶*Rhetus dysonii*分布于哥斯达黎加至玻利维亚。一种十分美丽的云雾林蝴蝶，通常在山间溪流附近的低处树叶上晒太阳。

白条松蚬蝶*Rhetus periander*分布于墨西哥至亚马孙河流域。在新热带界的森林中，本种精致的翅形是一抹熟悉的风景。

指名蚬蝶*Riodina lycisca*分布于阿根廷、巴拉圭和巴西南部。在晴朗的早上，这种小蝴蝶常在林中小径和路边访花。

斜带蚬蝶*Riodina lysippus*分布于亚马孙河流域。本种分布地局限，常见于河边和其他林缘地带。

溪蚬蝶*Siseme alectryo*分布于哥伦比亚至玻利维亚。本种是溪蚬蝶属9个种中最常见的。通常独自在山间溪流附近活动。

白纹溪蚬蝶*Siseme aristoteles*分布于哥伦比亚和厄瓜多尔。本种某些类型翅上的带纹更宽，颜色为白色或橙色。

玉带溪蚬蝶*Siseme neurodes*分布于哥伦比亚至秘鲁。这种漂亮蝴蝶后翅的叶状扩展比其近似种泊溪蚬蝶*S. pallas*的更加细长。

拉美燕尾蚬蝶*Syrmatia lamia*分布于哥伦比亚、厄瓜多尔和亚马孙河流域。这种奇怪的蝴蝶翅展不及20 mm（0.8in）。它们一天的多数时间都藏于叶下，很少能见到。

滴蚬蝶族STALACHTINI

滴蚬蝶族的一些成员，如诗神滴蚬蝶*Stalachtis euterpe*，翅黑色并具橙色带纹和大量白色斑点。其他种类则具有黑色、橙色和白色组成的虎纹，或是在浅色翅面配以黑色翅脉和橙色顶角。它们组成拟态环的一部分，其中包括绡蚬蝶属*Ithomeis*、油绡蝶属*Oleria*和各种昼行性裳蛾（Pericopina亚族）。它们通常在叶片下方停息，采用一种标志性姿势：展开双翅，触角朝前，并将腹部末端翘起。

所包含的属：滴蚬蝶属*Stalachtis*。

诗神滴蚬蝶*Stalachtis euterpe*分布于亚马孙河流域和安第斯山脉东部。滴蚬蝶属共7种，分布遍及整个南美洲热带。

粉蚬蝶族STYGINI

粉蚬蝶族仅1种：粉蚬蝶*Styx infernalis*，它是秘鲁境内安第斯山脉云雾林中的特有种。它具有很圆的、灰色半透明的翅，上具深色翅脉。

所包含的属：粉蚬蝶属*Styx*。

树蚬蝶族SYMMACHIINI

树蚬蝶族共135种，都是新热带界的特有种。它们外形多变。例如迷蚬蝶属*Mesene*是小型的红色、橙色或黄色蝴蝶，通常具黑色边缘。云蚬蝶属*Esthemopsis*和肃蚬蝶属*Xynias*除翅顶角和翅脉为黑色外，其余部分半透明。泉蚬蝶属*Chimastrum*几乎完全白色。丛蚬蝶属*Xenandra*的大部分种类为黑色，具红色斑块。

所包含的属：泉蚬蝶属*Chimastrum*、云蚬蝶属*Esthemopsis*、莹蚬蝶属*Lucillella*、迷蚬蝶属*Mesene*、密蚬蝶属*Mesenopsis*、橙蚬蝶属*Panaropsis*、番蚬蝶属*Phaenochitonia*、皮蚬蝶属*Pirascca*、普蚬蝶属*Pterographium*、树蚬蝶属*Symmachia*、丝蚬蝶属*Stichelia*、丛蚬蝶属*Xenandra*、肃蚬蝶属*Xynias*。

阿佛洛莹蚬蝶*Lucillella aphrodita*分布于哥伦比亚。莹蚬蝶属包括6个彼此十分相似的种，生活在哥伦比亚至秘鲁的云雾林中。

波丝蚬蝶*Stichelia bocchoris*分布于巴西。这种漂亮的蝴蝶在巴西东南部中海拔的森林草地混交地带很常见。

黄带树蚬蝶*Symmachia rubina*分布于墨西哥至巴西东南部。树蚬蝶属共56种，在颜色和斑纹上变化极大。许多种类前翅强烈弯折，休息时部分覆盖后翅。

灰云蚬蝶*Xenandra poliotactis*分布于秘鲁。本种十分稀少，只有在博物馆中才能见到它少数年代久远的标本。目前仅知在秘鲁的两个地方有分布。

分类地位未定

蚬蝶科的一些属至今还没有归到特定的族内。在此把这些属列为“分类地位未定”，但它们未必近缘。

所包含的属：花蚬蝶属*Apodemia*、银蚬蝶属*Argyrogrammana*、星雅蚬蝶属*Astraeodes*、克里蚬蝶属*Callistium*、点蚬蝶属*Calydna*、孔蚬蝶属*Comphotis*、黛安蚬蝶属*Dianesia*、埃蚬蝶属*Echenais*、星斑蚬蝶属*Echydna*、螟蚬蝶属*Emesis*、银旖蚬蝶属*Imelda*、棕角蚬蝶属*Lamphiotes*、林蚬蝶属*Lemonias*、玛蚬蝶属*Machaya*、宝蚬蝶属*Pachythone*、潘迪蚬蝶属*Pandemos*、岩蚬蝶属*Petrocerus*、皮克蚬蝶属*Pixus*、伪蛱蚬蝶属*Pseudonymphidia*、污蚬蝶属*Pseudotinea*、络蚬蝶属*Roeberella*、沼蚬蝶属*Zabuella*。

蓝斑银蚬蝶*Argyrogrammana bonita*分布于厄瓜多尔。银蚬蝶属包括33种色彩艳丽的蝴蝶，它们通常藏于叶下，并将翅完全展开。

星雅蚬蝶*Astraeodes areuta*分布于巴西、厄瓜多尔和秘鲁。这种引人注目的小蝴蝶通常单独活动，在潮湿的石头或沙地上吸食溶解的矿物质。

点星斑蚬蝶*Echydna punctata*分布于亚马孙河流域。这种漂亮的小蝴蝶通常一小群聚集在林中小径上，会被猴子或野猪的尿液吸引。

布螟蚬蝶*Emesis brimo*分布于巴拿马至玻利维亚。螟蚬蝶属的43个种在颜色上变化极大，但在纹理上却彼此相似。它们通常单独活动，在岩石或空地上吸水。

塞螟蚬蝶*Emesis cypria*分布于墨西哥至玻利维亚。这种常见的云雾林蝴蝶看上去十分像花黄悌蛱蝶*Adelpha saundersii*的缩小版。

地螟蚬蝶*Emesis diogenia*分布于巴拉圭和巴西东南部。本种通常会被林间空地上泽兰属*Eupatorium*植物的花所吸引。

幽螟蚬蝶*Emesis eurydice*分布于厄瓜多尔和秘鲁。本种的黑色斑纹比同属的其他灰色种类，如白角螟蚬蝶*E. aurimna*和亮褐螟蚬蝶*E. lucinda*的更直。这3个种的雌蝶前翅顶角都具明显的白斑。

红螟蚬蝶*Emesis mandana*分布于墨西哥至秘鲁和巴西。这是目前螟蚬蝶属最常见的一种。其颜色多样，从红色至赭色，而且可为单色或具深色带纹。

苔螟蚬蝶*Emesis tegula*分布于墨西哥至哥伦比亚。雄蝶翅钩状，翅面棕色并具天鹅绒质感。雌蝶颜色更浅，前翅具一个白色短条带。

傲丽螟蚬蝶*Emesis orichalceus*分布于秘鲁和玻利维亚。本种拥有铁青色的底色，配以金属银色斑纹，绝不会被认错。

络蚬蝶*Roeberella calvus*分布于秘鲁。在秘鲁南部，这种不同寻常的小蝴蝶可见于石头散布的干涸河床上。

术 语 汇 编

以下是一些关于蝴蝶的术语及其定义。

腹部 abdomen	胸部之后的体段，包藏着呼吸、消化和生殖器官。
解剖学 anatomy	研究动物内部和外部结构的科学。
香鳞 androconia	雄蝶翅上特化的鳞片，由此释放信息素，用以吸引雌蝶或给雌蝶传递化学信号。
触角 antennae	着生在昆虫头部的成对、分节的感觉器官，用以感受信息素。
顶角 apex（复数apices）	前翅的尖端，是前缘与外缘的夹角。
警戒色的 aposematic	起警戒作用的颜色，例如亮黄色、橙色或红色，通常配以黑的底色。例如，有毒的蝴蝶常具橘红色与黑色组成的虎纹，如君主斑蝶*Danaus plexippus*。
基部的 basal (1)	翅的基部，即翅最接近胸部的位置。
基部的 basal(2)	进化树的基部，即原始的、最先分化的一支。
贝氏拟态 Batesian mimic	一个对捕食者而言可食的物种为了逃避被捕食，进化出类似于难吃的或有毒的物种的颜色或斑纹的现象。
伪装 camouflage	一种主体在颜色和斑纹上与所在环境相似的隐藏形式。
翅室 cell	前翅或后翅上基部封闭的小室。
蝶蛹 chrysalis	蝴蝶生活史的第三阶段，在这一阶段完成从幼虫到成虫的变态发育。也称为蛹（pupa）。
前缘脉 costa	前翅或后翅最靠前的一边。
前缘褶 costal fold	前翅前缘的皱褶处，香鳞存在于其内。常见于某些花弄蝶亚科（Pyrginae）的雄蝶，如珠弄蝶*Erynnis tages*。
臀棘 cremaster	蛹腹部末端的小钩，用来将蛹固定在幼虫纺出的丝垫上。
晨昏性的 crepuscular	在黄昏或黎明光线较暗时活跃，而在白天和完全黑暗时静止不动的习性。

保护色的 cryptic	使昆虫能躲避捕食者的颜色和斑纹。例如，色斑伪装、外形模拟以及迷彩色等。
警戒拟态 diematic mimicry	一种在斑纹和（或）姿态上模仿捕食者或危险生物的防卫策略。
二型现象 dimorphism	在一个种群中存在两种显著不同表型的现象。包括性二型（雄雌个体明显不同）和季节二型（干季型与湿季型差异显著）。
模拟 disguise	主体类似于自然界中实际存在的物体的一种隐藏形式。例如，白钩蛱蝶*Polygonia calbum*，当其翅合拢时，酷似一片枯叶。
昼行性的 diurnal	在白天活跃的习性。
背面的 dorsal	身体的背部，或翅的上（正）面。
特有的 endemic	局限于一个特定的区域，如一个岛屿、山脉或国家。
钩状的 falcate	呈弯钩状的，例如，钩粉蝶*Gonepteryx rhamni*的前翅翅尖。
科 family	由近缘属组成的集合。
区系 fauna	某一地理区域全部的蝴蝶物种组成。
型 form	一个种或亚种在生态上、季节上或性二型上的各种差异类型。
外生殖器 genitalia	交配和产卵的器官。雄蝶的称为阳茎（aedeagus），雌蝶的称为交配囊（bursa copulatrix）。
属 genus（复数genera）	由近缘种组成的集合，它们之间的亲缘关系比与其他属的种更近。
生境 habitat	对某一区系生物多样性起限制性作用的特定环境或生物带。例如，石灰岩草地、亚高山草甸和热带干旱林。
全北界的 Holarctic	古北界和新北界的合称。
蜜露 honeydew	一种由蚜虫分泌的含糖副产物，通常覆盖在叶片和茎秆表面。可作为蝴蝶或蚂蚁的食物来源。
透明斑 hyaline	蝴蝶翅上半透明或透明的“窗形”斑纹。主要见于热带的绡蝶和眼蝶（绡眼蝶属*Cithaerias*、镀眼蝶属*Dulcedo*、晶眼蝶属*Haetera*等）中。

杂种 hybrid	两个不同的物种杂交而得到的不育子代。
幼虫 larva（幼虫的larval）	蝴蝶或蛾类生活史的第二阶段。常被称为毛虫。例如，蚕、尺蠖和灯蛾的幼虫。
鳞翅目学家 lepidopterist	研究蝴蝶和蛾类的人。
堆合分类者 lumper	习惯于寻求将关系密切的分类单元合并的分类学家。
新月形斑 lunule	新月形斑纹，通常在眼灰蝶亚科Polyommatinae、网蛱蝶族Melitaeini等蝴蝶的翅缘可见。
外缘 margin	翅展开时向外的一边。
迁飞 migration	某一物种为了寻找合适的繁殖场所而进行的长距离自发扩散现象。可能由气候条件、日长、栖息地过度拥挤、生境退化等因素引起。
拟态 mimicry	一个物种与另一个物种在外观和行为上的相似性，推测是演化发展的结果。
单子叶植物 monocotyledon	种子第一次萌发时仅一片叶子的开花植物，例如，莎草、灯芯草、兰花、棕榈、竹子。
变型 morph	一种生态的、季节性的或性二型的变型，例如，干季型和湿季型。
形态学 morphology	研究形态和结构的发育与变化的科学。
趋泥行为 mud-puddling	从湿润地面吸食溶解矿物质的行为。几乎只限于雄性蝴蝶，因为它们需要补充交配时流失的盐分。
缪氏拟态 M ü llerian mimic	一个对捕食者而言不可食的物种与其他不可食或有毒的物种具有相同色斑模式的现象。
新北界 Nearctic	墨西哥以北的美洲地区。
吸蜜 nectaring	吸食开花的草本植物、灌木或乔木花蜜的行为。
新热带界 Neotropics	墨西哥和所有的中、南美洲国家。
夜行性的 nocturnal	在夜间活跃的习性。
命名法 nomenclature	对科、属、种进行科学命名的方法。
眼斑 ocellus (复数ocelli)	翅上圆形的斑点或斑纹，这种有效的“假眼”可以惊吓捕食者，或使蝴蝶的身体免遭攻击。
卵 ovum（复数ova）	蝴蝶生活史的第一阶段。
食物 pabulum（复数pabula）	可供蝴蝶或其幼虫取食的物质。

古北界 Palearctic	世界动物地理区系的一部分，包括欧洲、北非和亚洲的温带与亚北极地区。
下唇须 palpi	成对的感觉器官，着生于蝴蝶成虫的触角之间。
帕拉莫群落 paramo	安第斯山脉高海拔的草原。
巡飞 patrolling	在一个特定区域内往返飞行。主要用来形容雄蝶亢奋地寻找雌蝶的飞行行为。
停息 perching	一种交配定位行为，雄蝶停在突出的叶片或小树枝上，通过飞行拦截或观察过往的昆虫来寻找雌蝶。
信息素 pheromone	雄性蝴蝶释放的通过空气传播的化学物质，会引起同种雌蝶的特定反应。雌性蛾类也会利用其来吸引雄性。
系统发生学 phylogenetics	利用形态学的、解剖学的和DNA的数据来描绘推测的物种演化关系的科学。结果通常以支序图（进化树）的形式呈现。
色素 pigments	蝴蝶从幼虫期取食的植物中获得的化学物质，形成鳞片的一些颜色，如褐色、黄色、红色、橙色、灰色和黑色。
多型现象 polymorphism	在一个种群中具两种或多种表型的现象，例如非洲白凤蝶*Papilio dardanus*。
种群 population	在同一地区生活的同种昆虫的全部个体。
喙 proboscis	蝴蝶用来吸食液态食物的管状结构，不用时盘卷在下唇须之间。
蛹 pupa（复数pupae）	蝴蝶生活史的第三阶段，此阶段幼虫的身体组织解体并重建形成成虫。同蝶蛹chrysalis。
宗 race	同一物种中与其他种群具有显著区别的特殊种群，但其分化程度还达不到亚种水平。
分布范围 range	物种的自然分布区域。一个物种在其分布范围内的分布通常呈斑块状，但适应性较强的物种分布可能是连续的。
网纹 reticulation	网格状的图案。
夜栖 roost	停息过夜。

鳞片 scales	蝴蝶与蛾类的翅、身体和足表面由单个细胞形成的微小盘状结构。翅上的鳞片像屋顶的瓦片般叠在一起，而且容易脱落，用手触碰蝴蝶的翅后会有带颜色的鳞粉粘在手上。
刚毛 setae	毛虫身上的“毛发”，也见于部分种类的蛹上。
翅域 space	两条相邻翅脉之间的区域。
物种 species	一个能够自由交配的、可以产生数百代以上具有相同遗传组成并且可育的后代群体。
分割分类者 splitter	习惯于通过提升亚种或变型的分类地位来定义新种的分类学家。例如，一个包括6个亚种的物种将因此成为6个独立的种。
结构色 structural colour	通过翅上透明鳞片内的微小棱镜或点阵结构使光线发生偏斜而产生的颜色，例如光的折射或衍射。银色、金色、蓝色、绿色、铜色和白色通常以这种方式产生。
亚缘 submarginal	翅外缘稍靠内的区域，通常具新月形斑、眼斑或“V”形斑。
亚种 subspecies	同一物种中与其他种群存在地理隔离的种群，并在表型上与其他种群也存在稳定差异。
同域分布 sympatric	发生在相同的地理区域。
异名 synonym	同一个分类单元具有多个学名的现象。最先发表的种名是有效的。其他名称则被称为次异名或无效名。
分类单元 taxon（复数taxa）	任何经科学定义的生物学单元，例如昆虫纲Insecta、蛱蝶科Nymphalidae、闪蛱蝶属*Apatura*或紫闪蛱蝶*A. iris*。
分类学 taxonomy	对蝴蝶进行科学分类和编组的工作。通过共同特征或推测的演化关系来体现。
领地 territory	由一个物种的雄性所守护的区域，通常以停息点为中心，例如一片特定的树叶，可以当作瞭望台观测经过的雌性。
胸 thorax	昆虫身体中间的体段，具有发达的肌肉，可为足、翅、头部和腹部提供依附。
臀角 tornus	后翅底部的夹角。
翅脉 vein	支撑蝴蝶翅面膜质区的管状血液通道。
脉序 venation	翅脉在翅上的分布模式和排列样貌。

拓 展 阅 读

科学论文

Ackery, P.R., de Jong, R. and Vane-Wright, D. 1999. The Butterflies: Hedyloidea, Hesperioidea and Papilionoidea. In: *Handbook of Zoology* Vol. IV, Part 35: 264 – 300. N.P. Kristensen (ed.). De Gruyter, Berlin and New York.

Braby, M.F., Vila, R. and Pierce, N.E. 2006. Molecular phylogeny and systematics of the Pieridae (Leoidoptera: Papilionoidea): higher classification and biogeography. *Zoological Journal of the Linnean Society* 147: 239 – 275.

Pena, Wahlberg, Weingartner, Kodandaramaiah, Nylin, Freitas, Brower: Higher level phylogeny of satyrinae butterflies (Lepidoptera:Nymphalidae) based on DNA sequence data. Molecular Phylogenetics and Evolution 40 (2006) 29–49. Elsevier.

Van Nieukerken et al: The Order Lepidoptera. Zootaxa 3148. Magnolia Press 2011.

Wahlberg, Leneveu, Kodandaramaiah, Pena, Nylin, Freitas, Brower: Nymphalid butterflies diversify following near demise at the cretaceous/tertiary boundary. Proceedings of the Royal Society doi:10.1098/rspb.2009.1303.

Warren, Ogara, Brower: Revised classification of the family Hesperiidae (Lepidoptera:Hesperioidea) based on molecular and morphological data. Systematic Entomologay (2009), 34, 467–523.

图书

D’Abrera: Butterflies of the Australian region (2 vols) Hill House

D’Abrera: Butterflies of the Afrotropical region (3 vols) Hill House

D’Abrera: Butterflies of the Holarctic region (3 vols) Hill House

D’Abrera: Butterflies of the Neotropical region (7 vols) Hill House

D’Abrera: Butterflies of the Oriental region (3 vols) Hill House

DeVries: The Butterflies of Costa Rica (2 vols)

Hecq: Euphaedra

Heppner: family Classification of Lepidoptera (Lamas Neotropical Checklist)

Hoskins: Butterflies of the World. Reed New Holland 2015

Larsen: Butterflies of West Africa. Apollo Books

Willmott: The genus Adelpha. Scientific Publishers

此外，还有很多书籍分别涉及蝴蝶的生物学、生态学和多样性保护；至少还有200种世界不同地区的蝴蝶野外观察指南。

在线资源

现今有成百上千的网站为你提供分类名录、鉴定指南并可以下载科学论文。在此仅选出一小部分最有用的网站列在下面。

BoldSystems:
 www.boldsystems.org/index.php/Taxbrowser_Taxonpage?taxid=113.

Butterflies and moths of the world: generic names and type species:
 www.nhm.ac.uk/research-curation/research/projects/butmoth/search

Butterflies of America (North, Central and South America):
 www.butterfliesofamerica.com/L/Neotropical.htm

Butterflies of Australia:
 lepidoptera.butterflyhouse.com.au/butter.html

Butterflies of Ecuador:
 www.butterfliesofecuador.com

Butterflies of India:
 www.ifoundbutterflies.org

Butterflies of Singapore:
 butterflycircle.blogspot.co.uk

Development and Evolution of Wing-patterns:
 sites.biology.duke.edu/nijhout/patterns2.html

Funet Taxonomy Browser:
 www.nic.funet.fi/pub/sci/bio/life//warp

Global Lepidoptera Names Index (LepIndex):
 www.nhm.ac.uk/research-curation/research/projects/lepindex

Learn About Butterflies:
 www.learnaboutbutterflies.com

Nymphalidae Systematics Group:
 www.nymphalidae.net

UK Butterflies:
 www.ukbutterflies.co.uk

拉丁名索引

C

D

E

F

G

H

I

J

K

L

M

N

O

P

Q

R

S

T

U

V

X

Y

Z

中文名索引

C

D

E

F

G

H

J

K

L

M

T

W

X

Y

Z

图书在版编目（CIP）数据

世界蝴蝶1000种图解指南 / (英) 阿德里安·霍斯金斯著；李虎, 陈卓, 吴云飞译. — 郑州：河南科学技术出版社, 2019.6（2023.5重印）

ISBN 978-7-5349-9520-0

Ⅰ.①世… Ⅱ.①阿… ②李… ③陈… ④吴… Ⅲ.①蝶—世界—图解 Ⅳ.①Q964-64

中国版本图书馆CIP数据核字(2019)第083680号

出版发行：河南科学技术出版社
地址：郑州市郑东新区祥盛街27号 邮编：450016
电话：（0371）65737028 65788613
网址：www.hnstp.cn
策划编辑：杨秀芳
责任编辑：杨秀芳
责任校对：司丽艳
封面设计：张 伟
责任印制：张艳芳
印 刷：河南瑞之光印刷股份有限公司
经 销：全国新华书店
开 本：787 mm × 1092 mm 1/16 印张：28 字数：380千字
版 次：2019年6月第1版 2023年5月第3次印刷
定 价：168.00元
